高强度大规格角钢轴压稳定性能
及其超强承载力计算方法

郭耀杰　曹　珂　陈颢元　著

科学出版社
北京

内 容 简 介

本书是一本论述高强度大规格角钢构件轴压稳定性能及其超强承载力计算方法的专著。全书共 6 章，内容包括大角钢轴压稳定性能研究的历史和现状评述，试验条件下的轴压杆计算长度的理论推导，大角钢轴压试验几何参数和材料参数的确定，大角钢的轴压试验与分析，大角钢的有限元数值仿真分析，大角钢轴压稳定性能及其超强承载力的计算方法。

本书可供结构工程、工程力学和输电线路工程等领域的科研人员、工程单位设计人员以及高院校相关专业的师生参考。

图书在版编目(CIP)数据

高强度大规格角钢轴压稳定性能及其超强承载力计算方法/郭耀杰，曹珂，陈颢元著. —北京：科学出版社，2017.10

ISBN 978-7-03-054483-4

Ⅰ. ①高… Ⅱ. ①郭… ②曹… ③陈… Ⅲ. ①角钢-承载力-计算方法 Ⅳ. ①TG142

中国版本图书馆 CIP 数据核字（2017）第 223225 号

责任编辑：王　钰　王杰琼 / 责任校对：陶丽荣
责任印制：吕春珉 / 封面设计：东方人华设计部

科学出版社 出版
北京东黄城根北街 16 号
邮政编码：100717
http://www.sciencep.com

三河市骏杰印刷有限公司印刷
科学出版社发行　各地新华书店经销

*

2017 年 10 月第 一 版　　开本：B5（720×1000）
2017 年 10 月第一次印刷　　印张：8 1/2
字数：158 000

定价：60.00 元
（如有印装质量问题，我社负责调换〈骏杰〉）
销售部电话 010-62136230　编辑部电话 010-62137026

序

近年来，随着我国电网特高压"五交八直"和"五纵五横"规划项目的实施，对当前的输电铁塔建设提出了更高的要求。以往的铁塔多采用肢宽在200mm以下、肢厚小于20mm的角钢，由于其单根构件承载能力较低，导致铁塔主材不得不采用双拼或多拼组合角钢。但采用此类组合截面的角钢会存在角钢间受力不均匀、实际承载力低于理论值、施工难度大等缺点，不仅提高了工程的造价，还会埋下一定的安全隐患。因此，为确保此类重要线路的正常运行同时兼顾经济性要求，国内外的特高压线路铁塔工程现已逐步改用高强度大规格角钢构件来替代双拼或多拼组合角钢构件。

采用大角钢作为输电铁塔等结构中的主要受压构件，相比于采用多拼组合角钢构件，具有整体性好、加工安装简便、运输容易等优点，是电力建设的一个重要发展方向。目前对大角钢轴压构件的少量应用表明，大角钢的承载力明显高于现行设计规范的计算值。然而大角钢的超强稳定承载力应如何合理计算，尚需进行更为深入的研究。

本书在国家自然科学基金项目（项目编号：51378401）和中南电力设计院等单位的支持下，对大角钢的轴压稳定性能及其超强承载力计算方法进行了深入研究。书中针对两端弹簧铰约束下压杆计算长度系数 μ 值、大角钢超强承载力的来源以及大角钢的轴压稳定承载力实用计算方法，通过理论分析、试验研究以及数值模拟，提出了一些新的观点和解释，并获得了一些理论和应用成果。

作者期望本书能为丰富结构稳定性理论和大角钢的应用起到一些作用。

限于作者学识，书中不足之处在所难免，竭诚欢迎读者批评指正。

郭耀杰

2017 年 8 月

于珞珈山

目　　录

第1章 导　　论

1.1　引　　言

高强度大规格角钢构件，指材质强度等级不低于 Q420 级、肢宽不小于 200mm、肢厚不小于 16mm 的角钢构件。常规角钢的最大规格为 L200×24[1]，该规格的单角钢构件，往往不能满足日益发展的结构（尤其是高压、特高压输电铁塔结构）工程中对受压构件承载力的要求，而必需进行多角钢拼接。相比之下，采用高强度大规格角钢构件，能有效克服多拼角钢施工繁琐、整体性差等缺点，是结构工程尤其是输电铁塔结构工程的重要发展方向[2,3]。

目前少量对高强度大规格角钢的工程应用[4,5]表明，采用该类大角钢作为受压主材的输电铁塔结构，不仅承载力要高于现行规范的计算值，而且造价比采用普通多拼角钢作为主材的铁塔更为节约。然而该类大角钢构件的轴压稳定承载力应如何计算，目前的研究尚显不足。因此，对高强度大规格角钢构件的轴压稳定性能进行研究是十分必要的。

本章首先对经典的轴压稳定理论和设计规范中的轴压整体稳定计算方法进行回顾和梳理，然后对大角钢轴压构件的国内外研究现状做一简要评述，再后详细阐释大角钢轴压构件自身的优越特性以及对其合理利用的必要性，最后提出本书所要讨论的主要内容。

1.2　经典轴压稳定理论

轴压稳定问题，是结构工程中需要解决的一项基本力学问题。数百年来对各类构件轴压稳定问题的研究可谓浩如烟海。本节所述的轴压稳定理论，更是轴压稳定问题的基础理论，其研究对象为无初始缺陷的理想挺直杆。

早在 1759 年，Euler（欧拉，1707～1783）就在小挠度假定下，对理想挺直杆，提出了著名的计算轴压杆稳定临界力 P_{cr} 及临界应力 σ_{cr} 的 Euler（欧拉）公式，即

$$P_{cr} = \frac{\pi^2 EI}{l^2}$$

（1.1a）

$$\sigma_{cr} = \frac{\pi^2 E}{\lambda^2} \qquad (1.1b)$$

式中：EI 为压杆截面抗弯刚度；l 为压杆计算长度；λ 为压杆长细比。

Euler 公式［式（1.1）］要求压杆始终处于弹性阶段，这对于细长杆是较为容易实现的；然而对于较为短小的轴压杆，失稳时其临界截面应力 σ_{cr} 往往大于材料的比例极限 σ_p，此时压杆的应力-应变曲线不再保持线性，弹性模量将有所降低，如图 1.1 所示。此时，压杆进入弹塑性屈曲状态，通过 Euler 公式算出的压杆稳定承载力，将高于实际压杆的承载力。由于对轴压杆稳定临界力的研究曾大量以短杆、中长杆为研究对象，Euler 公式自 1759 年提出，经过百余年的时间才最终获得学术界的认可，过程可谓艰辛波折[6]。

在 Euler 公式的基础上，1889 年 Engesser 首次提出切线模量理论，法国科学家 Considere 则指出切线模量理论仍有不完善的地方，于是 Engesser 于 1895 年进一步推导出双模量理论[6]。自此，切线模量理论、双模量理论成为解释压杆屈曲的最具影响力的理论[7,8]。

切线模量理论认为，当压杆应力 σ 超过比例极限 σ_p 时，应采用切线模量 E_t 代替线弹性模量 E，进行压杆稳定临界力的计算。该理论下压杆临界力 P_{crt} 及临界应力 σ_{crt} 分别为

$$P_{crt} = \frac{\pi^2 E_t I}{l^2} \qquad (1.2a)$$

$$\sigma_{crt} = \frac{\pi^2 E_t}{\lambda^2} \qquad (1.2b)$$

切线模量理论中假定，在压杆轴向压力存在微小增量 dP 时，截面平均应力的增量 $d\sigma$ 不低于微小弯曲引起的截面边缘拉应力 $d\sigma_1$，即压杆截面不存在卸载。而当 $d\sigma < d\sigma_1$ 时，截面将存在应力减小的区域，即存在卸载，如图 1.2 所示。此时切线模量理论将不再适用，压杆截面将同时存在加载模量 E_t 及卸载模量 E，即压杆截面中存在双模量，如图 1.1 所示。双模量理论下，轴压杆临界力 P_{crr} 及临界应力 σ_{crr} 为

$$P_{crr} = \frac{\pi^2 \left(E_t I_1 + EI_2 \right)}{l^2} \qquad (1.3a)$$

$$\sigma_{crr} = \frac{\pi^2 E_r I}{\lambda^2} \qquad (1.3b)$$

式中：I_1、I_2 分别为截面加载区、卸载区的截面惯性矩；$E_r = (E_t I_1 + EI_2)/I$。

可以看出，由于 $E > E_t$，则有 $E > E_r > E_t$，由此易知 $P_{cr} > P_{crr} > P_{crt}$。这就意味着通过双模量理论算出的压杆临界力，将大于通过切线模量理论计算获得的压杆临界力。曾经认为双模量理论更完善些，但切线模量理论则与轴压试验的结果更为接近，因此这两种理论究竟谁更符合实际曾经历较长时间的争论。直到 1947 年，Shanley[9]提出了 Shanley 模型（图 1.3），他通过力学方法建立了屈曲后荷载与挠度的关系式，对两种理论的关系进行了论述[10]。

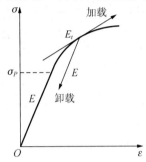

图 1.1 压杆非线性应力-应变关系曲线

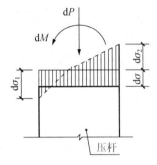

图 1.2 双模量理论截面应力分布假定

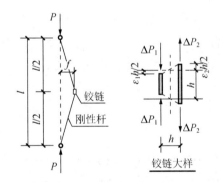

图 1.3 Shanley 理论模型

如图 1.3 所示，Shanley 模型为两段刚性杆与一处铰链组成。铰链宽、高均为 h，压杆的应力-应变关系为双线性，弹性阶段的弹性模量为 E，塑性阶段模量为 E_t。Shanley 模型描述了压杆临界轴力 P_u 与挠度 f 的关系[7]，即

$$P_u = P_{crt} \cdot \left[1 + \frac{1}{h/2f + (E/E_t + 1)/(E/E_t - 1)} \right] \qquad (1.4)$$

通过式（1.4）可知：

1）当 $f = 0$ 时，$P_u = P_{crt}$，即压杆临界荷载为切线模量理论临界荷载。

2）当 $f > 0$，且为有限值时，$P_u > P_{crt}$。

3）当 $f \to \infty$ 时，根据式（1.4）， $P_u = P_{crt}\left[2E/(E+E_t)\right]$。Shanley 理论模型中，双模量理论的折算刚度 $E_r = 2E/(E+E_t)$ ，即有 $P_u = P_{crr}$ 。这就说明了，仅当压杆挠度趋近于无穷大时，压杆的稳定临界应力才等于双模量理论计算得到的临界力。

Shanley 理论表明，由于实际压杆的挠度 f 为一个大于 0 的有限值，因此实际压杆承载力 P_u 将介于切线模量理论值 P_{crt} 和双模量理论值 P_{crt} 之间。切线模量理论值 P_{crt} 为实际压杆承载力的下限值，而双模量理论值 P_{crt} 为实际压杆承载力的上限值。这一结论虽然是由 Shanley 的简化模型得到的，但也得到了后来对轴压杆稳定临界力研究的证实[11]，并且各项试验研究均显示压杆的实际稳定临界力试验值更接近切线模量理论值[7]。

因此，在实际工程中，对于弹性屈曲的压杆，可采用 Euler 公式为基础，确定压杆的临界力；对于弹塑性屈曲，可采用切线模量理论为基础，确定压杆的临界力。

我国《钢结构设计规范》（GB 50017—2003）[12]定义 λ_n 为

$$\lambda_n = \frac{\lambda}{\pi}\sqrt{\frac{f_y}{E}} \tag{1.5}$$

式中： λ_n 为正则化长细比，在规范的轴压稳定计算中，是一个很重要的参数。国外多部钢结构设计规范[13~15]，亦采用类似的正则化长细比（Non-dimensional Slenderness），作为计算轴压杆稳定系数的重要参量。

1.3　设计规范中的轴压整体稳定计算方法

由于实际钢结构压杆不可避免地存在初弯曲、初偏心、残余应力等初始缺陷，且多数压杆并不存在明确的应力-应变关系曲线[16]，直接采用 Euler 公式、切线模量理论计算压杆的稳定临界力存在一定的困难。因此，实际工程中制定轴压杆整体稳定计算方法时，一般以边缘屈服准则或最大强度准则为基础，结合试验及数值研究进行[12,17]。

边缘屈服准则考虑了压杆的初始变形，如图 1.4 所示。根据有初弯曲压杆的荷载—挠度关系[7]，对于初始挠度值为 f_0 的压杆，在压力 P 作用下，压杆的挠度将有所放大，放大因数 χ 为

$$\chi = \frac{1}{1 - P/P_E} \tag{1.6}$$

式中： P_E 为 Euler 稳定临界力，即式（1.1）中的 P_{cr} ，下文同。

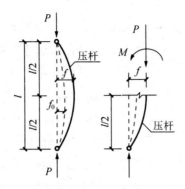

图 1.4　有初弯曲的压杆

在压力 P 下压杆的二阶弯矩 M 为

$$M = P\chi f_0 = Pf_0 \cdot \frac{1}{1 - P/P_E} \tag{1.7}$$

则截面开始屈服的条件为

$$\frac{N}{A} + \frac{M}{W} = \frac{N}{A} + \frac{Nf_0}{W} \cdot \frac{1}{1 - P/P_E} = f_y \tag{1.8}$$

式中：W 为压杆截面抗弯抵抗矩。

式（1.8）可进一步写为

$$\frac{N}{A}\left(1 + f_0\frac{A}{W} \cdot \frac{1}{1 - P/P_E}\right) = \sigma\left(1 + \varepsilon_0 \cdot \frac{1}{1 - \sigma/\sigma_E}\right)f_y \tag{1.9}$$

式中：$\varepsilon_0 = f_0 A/W$，称为相对初弯曲；σ_E 为 Euler 稳定临界应力，即式（1.1）中的 σ_{cr}，下文同。

通过求解式（1.9），可获得压杆边缘屈服时的截面平均应力 σ，即

$$\sigma = \frac{f_y + (1 + \varepsilon_0)\sigma_E}{2} - \sqrt{\left[\frac{f_y + (1 + \varepsilon_0)\sigma_E}{2}\right]^2 - f_y\sigma_E} \tag{1.10}$$

值得说明的是，式（1.9）中 σ 有两个解，在式（1.10）中已略去无效解。将式（1.1）及式（1.5）代入式（1.10），可进一步得到边缘屈服准则下，压杆整体稳定系数 φ 的计算公式为

$$\varphi = \frac{\sigma}{f_y} = \frac{1}{2\lambda_n^2}\left[\left(1 + \varepsilon_0 + \lambda_n^2\right) - \sqrt{\left(1 + \varepsilon_0 + \lambda_n^2\right)^2 - 4\lambda_n^2}\right] \tag{1.11}$$

上式即为 Perry（玻利）公式。Perry 公式曾被很多国家和地区的钢结构设计规范作为确定 φ 值的计算方法。我国现行《钢结构设计规范》[12]，也以 Perry 公式为基础，对钢压杆的 $\varphi - \lambda_n$ 曲线（柱子曲线）进行描述。

通过以上分析可知，由边缘屈服准则推导得到的 Perry 公式，对压杆初变形

进行了考虑，但并未计及初偏心、截面残余应力等缺陷。此外，从 Perry 公式的推导过程可以看出，该公式实际上是以压杆截面边缘屈服作为压杆达到极限承载力条件的强度公式。而实际中的压杆，当截面边缘材料屈服时，截面塑性区由边缘向内部扩展，此时压力 P 仍可继续增加。因此，不同国家和地区在制定柱子曲线时，均通过模型试验及数值计算的方法，来获得各压杆试件或计算模型的极限承载力 P_u，并通过拟合方法，获得综合考虑压杆材料的 f_y 和 E、压杆长度、初弯曲、截面几何形状及尺寸、残余应力分布和边界条件的 ε_0 值，最终获得压杆稳定系数的计算方法。该方法即为计算压杆稳定承载力的最大强度准则。

通过拟合获得的 ε_0 为压杆正则化长细比 λ_n 的函数，称为等效偏心率，而此时的 Perry 公式，则更接近于通过最大强度准则来拟合稳定系数 φ 值而获得的拟合计算公式[18]。美国里海大学（Lehigh）的 Bjorhovde[19]利用 56 根轴压杆的试验实测资料，用最大强度准则，获得了 112 条柱子曲线。在 Bjorhovde 的这项研究基础上，美国结构稳定委员会（SSRC）于 1976 年正式提出按压杆截面等因素将柱子曲线分为三类[20]。Rondal 和 Maquoi 于 1979 年套用 Perry 公式对这三条曲线进行了描述[21]。美国钢结构设计协会（AISC）考虑残余应力与初偏心的不利影响并非总叠加在一起，并计入构件两端约束的有利影响，于 2010 年以上述第二条曲线为参考，在其推荐的设计规范 ANSI/AISC 360-10[13]中提出了两个新的计算公式，用来描述一条新的柱子曲线：当 $k = f_y / \sigma_E \leqslant 2.25$ 时，$\varphi = 0.658^k$；当 $f_y / \sigma_E > 2.25$ 时，$\varphi = 0.877\sigma_E / f_y$。欧洲钢结构协会（ECCS）[22]则按统一标准有计划地进行了 1067 根具有不同截面的轴压杆的试验，并在此基础上，在其推荐的设计规范 Eurocode 3[15,23]中按照最大强度理论得到了 5 条柱子曲线[24]，该 5 条柱子曲线依然采用 Perry 公式的形式，作为稳定系数 φ 的计算公式。我国钢结构规范[12]采用李开禧、肖允徽等[25,26]按逆算单元长度法获得的计算结果，将柱子曲线归为 3 类（a 类、b 类、c 类）；后针对组成板件 $t \geqslant 40\text{mm}$ 的工字型、H 型和箱型截面增设了 d 类曲线[12]。这四类柱子曲线仍拟合成 Perry 公式的形式作为稳定系数 φ 的计算公式。

1.4　高强度大规格角钢轴压构件的研究现状

1.4.1　国内研究现状

国内目前对高强度钢压杆的研究较多[27,28]，而对高强度、大规格角钢（以下简称大角钢）轴压构件的研究则十分少见。清华大学班慧勇等[29]采用分割法对

Q420 等边常规尺寸角钢的残余应力进行了研究,研究表明高强角钢的残余应力分布形式与普通角钢没有区别,且残余应力的绝对值 σ_r 与普通角钢相接近,这就意味着高强角钢残余应力与屈服强度的比值(σ_r / f_y)低于普通角钢,高强角钢受残余应力的不利影响小于普通强度的角钢。文献[30]指出残余应力对高强钢的不利影响小于常规钢材的规律,同样适用于焊接箱型、I 型、H 型等多种截面。文献[31]还对超高强度钢材的截面残余应力分布形式进行了研究和总结,发现高强度钢材残余应力数值随板件宽厚比的增大而显著减小,并提出了简化的拟合公式。

国内对高强钢压杆整体稳定的研究已逐步开展[32]。清华大学对 60 个常规尺寸规格的 Q420 等边角钢进行了试验研究[33,34],研究表明该类构件的整体稳定承载力高于我国现行《钢结构设计规范》[12]中等边角钢所在的 b 类曲线,甚至高于 a 类曲线。曹现雷等[35]对 Q460 常规尺寸规格角钢的研究表明,该类角钢的承载力不仅高于我国《架空送电线路杆塔结构设计技术规定》DL/T 5154—2012 [36]中的计算值,也高于美国土木工程师协会(ASCE)所推荐的输电导则[14]中的计算值。重庆大学史世伦等[37]采用逆算单元长度法及轴压试验,对 Q460 常规尺寸规格等边角钢的轴压极限承载力进行了研究,并提出了适用于 Q460 常规规格等边角钢的柱子曲线。郭宏超等[38]对 Q460 高强角钢的极限承载力进行研究,研究表明该类角钢的力学性能与现行规范的差异,与构件长细比有关系。除高强度常规尺寸角钢外,清华大学对 8 个有端部约束的欧洲高强度 S690 和 S960 材质焊接 H 型压杆绕强轴的失稳进行了试验研究[39,40],还对 12 个 Q460C 轴压杆的整体稳定性能进行了试验研究[41];张银龙等[42]对 20 个 BS700(700MPa)高强钢进行了试验研究及数值分析;周峰等[43]对 6 个 Q460 钢材焊接 H 型截面轴压构件进行了整体稳定试验研究;李国强等[44~46]对 Q460 高强度焊接箱型及 H 型截面进行了试验和数值研究,并给出了适用于该类构件的推荐计算方法。

国内这些对不同截面类型的高强钢结构压杆的研究结果均表明,我国及国外部分现行规范中对高强钢结构轴压承载力的计算是偏于保守的。

国内目前对高强度大规格角钢的少量研究,主要集中在对采用大角钢的输电铁塔的研究,和针对大角钢轴压构件进行的试验研究两类。黄璜等[4]通过真型试验,对比分析了分别采用大角钢、多拼角钢的 2 基±800kV 的输电线路铁塔的极限承载力与经济性,结果表明采用大角钢作为主材的铁塔具有明显高于规范计算值的承载力,且能减重约 5%。杜荣忠[5]通过模型分析的方法对采用大角钢的输电铁塔的经济性进行了分析,结果表明,采用大角钢可使输电铁塔节约塔材接近 4.8%,这一结论与文献[4]的结论十分接近。余朝胜[47]通过对比采用不同强度等级、不同规格角钢的铁塔力学性能与经济性,也得出了采用大角钢可节约铁塔用材的结论。

这些研究显示出了大角钢具有极佳的工程应用前景，而在这一前景下，针对高强度大规格角钢轴压稳定性能的研究则十分少见。重庆大学赵楠等[48]对长细比 λ 在 30～90 的 19 根 L220×20 截面规格的 Q420 大角钢构件进行了轴压试验，并采用逆算单元长度法和有限元法对大角钢的稳定承载力进行了分析。研究表明，各构件试验换算稳定系数总体上高于各规格中的柱子曲线，而随着长细比的增长，试验稳定系数高于规范曲线的幅度则有所降低，逆算单元长度法获得的稳定系数则与我国《钢结构设计规范》[12]中的 b 类曲线相接近。在文献[48]的基础上，龚坚刚等[49]采用逆算单元长度法对 Q420 材质的 L220×20 的大角钢承载力的研究，表明该类构件的承载力总体上与我国 b 类曲线较为接近，建议采用 b 类曲线进行该类构件的承载力计算。

可以看出，目前国内已有不少对高强钢结构轴压构件的研究，然而对高强度大规格角钢轴压构件的研究则十分有限。我国现行钢结构设计规范[12]中并没有针对大角钢承载力的计算依据[32]，因此仍需进行更多针对高强度大规格角钢轴压构件的研究，以便于实际工程中合理、有效地发挥该类构件的超强承载力优势。

1.4.2　国外研究现状

国外对高强度大规格角钢轴压稳定承载力的研究现状，与国内较为类似，即对不同截面类型高强钢结构轴压构件的研究相对较多，而对大角钢轴压构件的研究则十分少见。

Lamgenberg[50]和 Sivakumaran[51]于 2008 年对不同强度等级钢材的材性数据进行了介绍。文献[52]在 2011 年进一步对其进行了研究整理，并结合其他文献，对高强钢的材性特征进行了研究。这些研究表明，钢材屈强比 f_y/f_u（钢材屈服强度 f_y 与极限抗拉强度 f_u 的比值）随着强度等级的提高显著增大，当强度等级超过 690MPa 时，屈强比一般在 0.90～0.95；而国内外多部钢结构设计规范中，通常对普通材质的钢材屈强比 f_y/f_u 限制在 0.80～0.85。这就意味着，钢材的延性则随钢材强度的提高而降低；但随着生产工艺的提高，钢材的韧性并没有显著降低[32]。2008 年 Ye 和 Rasmussen[53]对 G550 级高强钢材质的单角钢、十字组合角钢受压构件进行了研究，并将研究结果与美国[54,55]和澳大利亚[56,57]现行规范进行了对比。然而文献[53]研究采用的角钢构件均为长细比很小的短柱，并不涉及压杆稳定，且主要针对 G550 级钢材性能开展研究。

同时，国外多位学者进行了高强钢残余应力分布规律的研究。Nishino 等[58]于 1967 年采用分割法，对 690MPa 的 A514 级焊接箱型截面的残余应力进行了研究，研究表明材料强度和加工方式对全截面残余应力分布无明显影响。Usami 等采用分割法，于 1982 年[59]对 690MPa 的 HT80 级焊接箱型截面的残余应力进行了研究，并在 1984 年[60]将研究对象的强度等级扩展至 460MPa 的 SM58 级钢材。Rasmussen 等于 1992 年[61]对焊接箱型和焰切边的焊接工字型截面的残余应力进行了研究，并于 1995 年[62]进一步补充进行了剪切边的焊接工字型截面翼缘外伸端中部及腹板中部的残余应力的研究。Beg 和 Hladnik[63]于 1996 年对剪切边的焊接工字型截面的残余应力进行研究，并推荐焊缝处翼缘残余应力取值为 230MPa、焊缝处腹板残余应力取值为 460MPa。文献[31]对上述研究进行了总结，结果表明高强钢残余应力的绝对数值随板件宽厚比的增大而显著减小。

Usami 和 Fakumoto[59]于 1982 年对焊接箱型厚实截面压杆进行了试验研究，Rasmussen 等[62]于 1995 年对焊接 H 型和焊接箱型压杆进行了试验研究，结果表明高强钢结构压杆的稳定系数明显高于现有的柱子曲线，现有规范的计算方法偏于保守，不利于高强度钢结构压杆优势的发挥。

由上述研究可见，对高强度角钢轴压构件的承载性能，国外研究尚不充分；尤其是对高强度、大规格角钢轴压构件超强承载力的研究，目前尚十分罕见。

1.5　高强度大规格角钢轴压构件的特点和工程价值

通过第 1.4 节的介绍可以看出，目前国内外对高强钢结构压杆的研究已初有成果，但对同时具备高强度、大规格两种特性的角钢构件的轴压稳定性，除本书所叙述的工作外，仅重庆大学赵楠、李正良等[48,49]学者对肢宽 220mm、肢厚 20mm 这一种截面的大角钢轴压构件，进行了较为深入的研究，而其他的类似研究则鲜见报道。

现有对高强钢的研究表明，高强度钢结构压杆具有以下特点：

1）高强度钢材的屈服强度 f_y 明显高于常规 Q235 和 Q345 级材质的钢材，使得高强度钢材构件，具有很高的承载力。这项优势在长度较短、失稳方式为弹塑性失稳的轴压杆中体现得尤为明显。

2）高强度钢材的材性曲线具有不同于常规 Q235 和 Q345 级材质的特性。钢材屈强比 f_y / f_u 随着钢材强度等级的增大而明显增大，这就表明高强度钢材的延性随着强度的提高而降低。通过本书的后续研究则发现，高强钢材的这一材质特点，对大角钢的轴压整体稳定承载力，尤其是弹塑性失稳方式的轴压角钢承载力，有着十分重要的影响。

3）对于高强度钢构件，尤其是高强度角钢轴压构件，残余应力对构件的不利影响要小于普通材质的轴压构件。这是由于，角钢构件截面残余应力的分布与数值，并不随着钢材强度等级的变化而发生明显改变，对于高强材质的角钢压杆，

残余应力 σ_r 与屈服强度 f_y 的比值 σ_r / f_y 明显小于普通材质的角钢压杆。

4）现有对不同截面类型的高强钢结构轴压构件，尤其是高强角钢构件的研究表明，按现行规范计算得出的高强角钢轴压构件稳定承载力，是偏于保守的，不能真实反映高强角钢轴压构件的力学性能。

高强钢材的这些特点，使得高强钢压杆稳定性能不同于常规材质的钢压杆。而根据常规材质钢材制定的国内外各现行设计规范，已不能很好地反映高强钢压杆的优异力学性能。现有对高强度、大规格角钢受压构件的少量研究中，已得到了大角钢试件试验承载力明显高于国内外多部设计规范的结论。然而，现有对高强度大规格角钢构件轴压承载力的研究，仍有如下需要继续完善的地方：

1）目前仅针对截面规格为 L220×20 的大角钢进行了轴压试验，而现在可选择的大规格高强度角钢的截面规格则较多。肢宽为 220mm 及 250mm 的大角钢在市场上已较为多见；肢宽为 300mm 的大角钢亦有生产。大角钢构件的肢厚亦存在 16～35mm 等多种不同厚度。因此，对更多肢宽、肢厚的大角钢轴压构件进行试验研究十分必要。

2）目前较多研究者针对轴压构件进行的试验研究，在试件两端设置球铰或单刀铰的情况下，均假定轴压试件两端为理想铰接，而忽略试件两端支座转动刚度对轴压试件计算长度的影响。事实上，试件两端支座不可避免地存在不为 0 的转动刚度，这将提高试件的极限承载力。在此情况下，通过试验获得的试件轴压承载力，比两端为铰接试件的承载力高，直接取试验值为承载能力是偏于危险的。因此，如何获得实际试验中轴压构件的真实计算长度，需进行研究。

3）现有对大角钢轴压构件的理论与数值分析，均考虑角钢材性为理想弹塑性，而未考虑高强度钢材在屈服以后的材质特性。事实上，由于高强度钢材的屈服平台非常短，其材质屈服后的力学表现，与常规 Q235 及 Q345 钢材有明显区别。高强钢压杆的屈服后强度是否值得利用，其材质特征对大角钢轴压承载力产生的影响应如何考虑，需进行研究。

4）现有对大角钢轴压构件的理论与数值分析，均考虑角钢截面残余应力与屈服强度的比值为 0.3，即 $\sigma_r / f_y = 0.3$。而现有文献[31]对 Q420 等边角钢残余应力的研究表明，Q420 材质角钢截面残余应力与屈服强度的比值不超过 0.15。因此，在对大角钢的轴压承载力进行理论与数值研究时，应充分考虑高强度角钢残余应力相对较低所引起的不利影响程度较残余应力较高时为低这一特征。

5）常规截面，尤其是常规尺寸的角钢截面构件，在考虑扭转时，往往不计截面的翘曲刚度 I_ω，即认为 $I_\omega = 0$。然而，当构件厚度较大时，构件在沿截面厚度方向也将产生翘曲变形，这种变形称为次翘曲变形[64]。大角钢由于肢厚较厚，将存在较大的次翘曲刚度 $I_{\omega n}$，这也不同于普通规格的角钢。次翘曲刚度 $I_{\omega n}$ 对大角钢轴压承载力的有利影响有待研究。

高强度大规格角钢因其卓越的承载能力，以及相对于多拼角钢构件而言的施工简便、整体性强、传力可靠等优点，具有广阔的应用前景。尤其在高压、特高压输电铁塔结构等工程领域，采用大角钢作为铁塔主要受力构件，是电力发展的新趋势。然而目前对该类构件超强承载力的研究并不充分。因此，对该类大规格高强度角钢构件的轴压稳定性能及其超强承载力计算方法进行研究，具有重要的学术意义与工程价值。

1.6　本书的主要内容

本书采用理论分析、试验研究、数值模拟相结合的方法，开展高强度大规格角钢轴压构件轴压稳定性能的研究，以期得到高强度大规格角钢轴压构件的稳定系数，提出适用于高强度大规格角钢轴压构件超强承载力的合理计算方法，为制定相关设计规范提供研究依据。

因此，本书中主要包括了以下内容：

第 1 章提出了本书工作的主要背景和目标，即明确高强度大规格角钢的轴压稳定性能，提出适用于此类构件的计算方法。围绕这一目标，进行了大量的文献检索、整理与分析，回顾了以往所取得的成果，并提出目前仍存在的问题。本章最后一节将给出这部分分析的小结。

第 2 章对试验条件下的大角钢轴压试件的计算长度系数进行研究。通过研究，提出不同边界条件（支座转动刚度、试件抗弯刚度）下，轴压试件计算长度系数的实用计算方法。

第 3 章通过材性试验，获得大角钢材质的应力-应变关系曲线。根据应力-应变关系曲线，获得屈服强度 f_y、抗拉强度 f_u、伸长率 δ 等 Q420 大角钢材性数据，作为后续分析的基础资料。然后对各试件的实际几何参数和初始缺陷进行了测量，并对轴压试验机的支座转动刚度进行测量，以第 2 章提出的轴压试件计算长度系数的实用计算方法对各试件的计算长度进行修正。

第 4 章对 5 种长细比、6 种截面规格，共 90 根 Q420 高强度大规格角钢试件，进行了轴压试验，各试件信息统计见表 1.1。然后对大角钢压杆的失稳形态、极限稳定承载力 P_u 等试验结果进行统计分析，随后又将各试件的试验极限承载力 P_u 无量纲化，获得各试件的试验稳定系数 φ_t，并与国内外不同的设计规范中的稳定系数计算值进行对比分析。

表 1.1　大角钢轴压试件统计表

试件规格	肢宽 b/mm	肢厚 t/mm	弱主轴回转半径 i/mm	试件数量				
				$\lambda=35$	$\lambda=40$	$\lambda=45$	$\lambda=50$	$\lambda=55$
L220×20		20	43.4	3	3	3	3	3
L220×22	220	22	43.2	3	3	3	3	3
L220×26		26	43.0				3	3
L250×26		26	49.0	3	3	3	3	3
L250×28	250	28	48.9	3	3	3	3	3
L250×30		30	48.8				3	3

注：表中各数据，均为试件名义值。

第 5 章采用大型有限元软件 ANSYS，充分考虑了试件初始变形、残余应力等轴压构件初始缺陷，建立各大角钢轴压试件的有限元模型。利用试验结果对有限元模型进行验证，获得具有足够精确度与计算效率的 ANSYS 有限元模型。

第 6 章利用验证后的 ANSYS 有限元模型，分别建立采用双线性（理想弹塑性）、多线性（考虑高强度钢材屈服后材性性能）本构关系的不同大角钢有限元数值模型，并进行对比计算分析，研究高强度钢材材质特征对大角钢极限稳定承载力的影响。然后利用验证后的有限元模型，对长细比 λ 为 30~150 的大角钢模型的极限稳定承载力进行计算，并获得各大角钢构件的稳定系数。最后，通过分析试验、有限元计算获得的大角钢极限稳定承载力，对大角钢稳定系数的计算方法进行了研究，并提出了准确、实用的高强度大规格角钢轴压构件稳定系数的计算方法。

1.7　小　　结

由 1.2~1.5 节的回顾与分析，可得到如下初步结论：

1）对于常规截面的高强钢结构压杆，国内外均进行了大量研究，结果均表明，我国及国外部分现行规范中对高强钢结构轴压承载力的计算是偏于保守的。

2）目前国内外对于高强度大规格角钢的研究较少，国内主要集中于对采用大角钢的输电铁塔的研究，和针对大角钢轴压构件进行的试验研究两类。输电铁塔的研究显示出了大角钢具有极佳的工程应用前景，而在这一前景下，针对高强度大规格角钢轴压稳定的研究则十分少见；国外对于高强度大规格角钢的研究鲜见报道。

3）我国现行钢结构设计规范[12]中并没有针对大角钢承载力的计算方法，因此仍需进行更多针对高强度大规格角钢轴压构件的研究，以便于实际工程中合理、有效地发挥该类构件的优势。

4）高强度钢材的屈服强度 f_y 明显高于常规 Q235 和 Q345 级材质的钢材，具有较高的承载力。

第 2 章   试验条件下轴压杆计算长度的研究

2.1   引   言

轴心受压构件的计算长度，是对轴压杆整体稳定性能进行分析的重要参数。从第 1 章的内容可以看出，不论是适用于理想弹性轴压杆的 Euler 公式，还是多部设计规范采用的 Perry 公式形式的计算公式，首先需要得到轴压杆的实际计算长度，然后才能精确计算轴压杆极限稳定承载力。同时，每当对新型材料或新型组合材料的构件力学性能进行研究时，开展轴压稳定试验研究几乎成为一项必备工作[32]。然而，即便是试验室中的轴心受压试件，其两端支座也不可避免地存在不为零、亦不为无穷大的转动、平动刚度；实际工程结构中的压杆，则更难以具备理想的力学支座。在这种情况下，轴压柱的计算长度系数 μ，并不能简单的取为 1.0、0.5 或 0.7（第 2.3.4 节算得较为精确的值为 0.6992，对应于一端理想铰接、一端理想刚接的情况），而是应根据实际支座情况与轴压杆自身刚度进行修正。例如：美国钢结构协会于 1986 年和 1999 年提出的荷载抗力系数法（AISC～LRFD）中，就在文献[19]和文献[20]获得的试验数据的基础上，考虑构件两端约束的有利影响，将轴压试件的计算长度修正为原长度的 0.96，同时结合其他因素提出了轴压构件稳定系数的计算方法，并于 2010 年进一步修正形成美国规范 ANSI/AISC 360-10 中的推荐柱子曲线[7]。

因此，针对实际试验中支座刚度对轴压杆计算长度的影响进行研究，进而精确计算轴压杆的计算长度，对更精确、更可靠地开展相关研究及应用工作，是十分必要的。

本章首先回顾柱计算长度的现有计算方法，然后通过建立并推导给定支座转动刚度下的轴压杆的屈曲方程，并运用数值解法求出计算长度系数的数值解。随后又提出给定支座转动刚度下的计算长度系数实用计算公式。最后，对轴压杆的支座条件进行讨论。

2.2   柱计算长度的现有计算方法

目前对刚架柱的计算长度系数的计算方法已有较多研究，相关研究成果已被编入各国家和地区的设计规范中。文献[65]为研究梁柱刚接的无侧移多层多跨刚架柱的计算长度系数，曾在满足刚架柱同时屈曲、同层横梁转角同值反向、节点力矩按线刚度分配、各柱抗弯刚度系数相同、不计横梁轴力等 5 项假设条件前提下，得出无侧移刚架柱的屈曲方程为

$$\left(\frac{\pi}{\mu}\right)^2 + 2\left(K_1 + K_2\right)\left(1 - \frac{\pi/\mu}{\tan \pi/\mu}\right) + \frac{8K_1 K_2 \tan \pi/2\mu}{\pi/\mu} - 4K_1 K_2 = 0 \tag{2.1}$$

式中：μ 为刚架柱的计算长度系数；K_1、K_2 分别为相交于柱上端、下端的横梁线刚度之和与柱线刚度之和的比值。

而对于有侧移刚架，除将两端转角等值反向的假定修改为假定等值同向、柱中轴力不发生改变外，其余假定与无侧移刚架相同。在此基础上，得出有侧移刚架柱的屈曲方程[66]为

$$\left[36K_1 K_2 - \left(\frac{\pi}{\mu}\right)^2\right] \tan\left(\frac{\pi}{\mu}\right) + 6\left(K_1 + K_2\right)\frac{\pi}{\mu} = 0 \tag{2.2}$$

文献[67]通过数值算法求解不同 K_1、K_2 下，式（2.1）、式（2.2）中 μ 的最大解，得到了 μ 的实用拟合计算式。

对于无侧移刚架

$$\mu = \frac{0.64K_1 K_2 + 1.4\left(K_1 + K_2\right) + 3}{1.28K_1 K_2 + 2\left(K_1 + K_2\right) + 3} \tag{2.3}$$

对于有侧移刚架

$$\mu = \sqrt{\frac{7.5K_1 K_2 + 4\left(K_1 + K_2\right) + 1.52}{7.5K_1 K_2 + K_1 + K_2}} \tag{2.4}$$

式（2.3）及式（2.4）最早于 1966 年被法国钢结构设计规范采用，后于 1978 年又被欧洲钢结构协会推荐采用[7]。1992 年 Dumontiel [68] 证实该公式足够精确且便于电算。

Chen 和 Chuan [69]考虑现行刚架柱计算长度系数 μ 的计算公式的推导过程中，存在一些不甚合理的假设，于是在假定刚架柱不同时屈曲、不同刚架柱间轴力存在变化的前提下，重新导出了刚架柱计算长度系数 μ 的计算公式。Webber 等[70]考虑上下柱对转动刚度的影响、同层柱对侧移刚度的影响，对计算长度系数 μ 的计算公式进行了改进。除钢结构刚架外，Tikka 和 Mirza[71]还对钢筋混凝土框架结构中的柱计算长度系数进行了研究。

通过上述内容可以看出，现有研究所获得的 μ 值计算方法，仅适用于框架结构中的刚架柱。在实际计算中，需首先求解出与柱相连的横梁及上下柱的线刚度，方可对目标刚架柱的计算长度系数进行求解。然而，第 2.3.2 节的验证计算表明，由于现有刚架柱计算长度系数 μ 的前提假定过多，通过现有方法不能直接计算出

给定支座刚度情况下的轴压试件计算长度系数 μ。因此，有必要对试验条件下，轴压杆的计算长度系数 μ 进行研究，并分析当理想支座不能实现时，轴压杆极限稳定承载力的计算结果受到的影响。

2.3　给定支座转动刚度下的轴压杆计算长度

在轴压试件的加载过程中，轴压试件、加载设备共同形成一个自相平衡的体系，在轴压试件的底、顶端支座节点处，加载设备与试件具有相同的平动位移 $\varDelta_a$ 与 $\varDelta_b$，且试件承受的轴力 P 的方向也将随之自行调整改变，如图 2.1 所示，使得轴力转角 ψ 满足

$$\psi = \frac{\varDelta_b - \varDelta_a}{L(1-\varepsilon)} \tag{2.5}$$

式中：ε 为轴力 P 作用下的压杆轴向压应变。

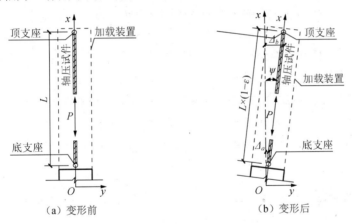

图 2.1　加载体系变形图

此时可以认为试件两端支座的平动自由度受到了限制，而转动自由度则受顶、底端的弹簧铰（具有一定转动刚度的固定铰支座）R_a、R_b 约束，如图 2.2 所示。因此，本章仅对如图 2.2 所示的两端由固定弹簧铰约束的轴压杆计算长度系数进行研究。

2.3.1　力学模型

两端由弹簧铰约束的轴压杆力学模型如图 2.2 及图 2.3 所示。

所研究轴压杆力学模型中有：

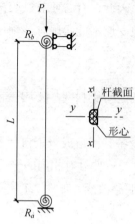

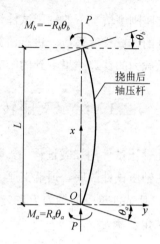

图 2.2　弹簧铰轴压杆力学模型　　　　　图 2.3　挠曲后压杆受力简图

1）杆长为 L。

2）轴压试件底部、顶部支座的转动刚度分别为 R_a、R_b。

3）轴压杆为等截面杆，绕弱主轴惯性矩为 I。

4）轴压杆材性遵循胡克定律，弹性模量为 E。

5）轴压杆承受沿纵轴线的轴心压力荷载 P。

为描述方便，现结合图 2.3，对轴压杆的内力方向做出如下约定：

1）顺时针方向的转动及向右方向的位移，为正值。

2）当柱端弯矩与柱端转角方向相同时，约定该弯矩为正值。

3）轴压杆中，压力为正值。

2.3.2　挠曲方程

现取轴压杆脱离体，如图 2.4 所示。

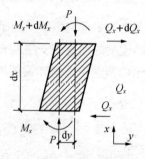

图 2.4　轴压杆微元脱离体

由 y 方向剪力平衡，可列方程为

$$\left(Q_x + \frac{\mathrm{d}Q_x}{\mathrm{d}x}\mathrm{d}x\right) - Q_x = 0 \tag{2.6}$$

由上式可得

$$\mathrm{d}Q_x = 0 \tag{2.7}$$

由力矩平衡，可列方程

$$M_x + Q_x \cdot \mathrm{d}x + P \cdot \mathrm{d}y - \left(M_x + \frac{\mathrm{d}M_x}{\mathrm{d}x} \cdot \mathrm{d}x\right) = 0 \tag{2.8}$$

由此可得

$$Q_x = \frac{\mathrm{d}M_x}{\mathrm{d}x} - P \cdot \frac{\mathrm{d}y}{\mathrm{d}x} \tag{2.9}$$

联立式（2.7）及式（2.9），有

$$\frac{\mathrm{d}^2 M_x}{\mathrm{d}x^2} - P \cdot \frac{\mathrm{d}^2 y}{\mathrm{d}x^2} = 0 \tag{2.10}$$

在小变形假定的前提下，微元体弯矩 M_x 和压杆曲率 ϕ 满足

$$M_x = -EI \cdot \phi = -EI \cdot \frac{\mathrm{d}^2 y}{\mathrm{d}x^2} = 0 \tag{2.11}$$

联立联立式（2.10）及式（2.11），可得到

$$\frac{\mathrm{d}^4 y}{\mathrm{d}x^4} + \frac{P}{EI} \cdot \frac{\mathrm{d}^2 y}{\mathrm{d}x^2} = 0 \tag{2.12}$$

为简化公式，设定

$$k = \sqrt{\frac{P}{EI}} \tag{2.13}$$

则式（2.11）可改写为

$$\frac{\mathrm{d}^4 y}{\mathrm{d}x^4} + k^2 \cdot \frac{\mathrm{d}^2 y}{\mathrm{d}x^2} = 0 \tag{2.14}$$

上式即为 4 阶常系数微分方程，易求得式（2.14）的通解为

$$y = A \cdot \sin kx + B \cdot \cos kx + C \cdot x + D \tag{2.15}$$

式（2.15）即为两端弹簧铰约束下，轴压杆的挠曲方程。式中，A、B、C、D 为待定系数，可根据压杆边界条件进行确定。

2.3.3　屈曲方程

根据图 2.3 可列压杆边界条件方程组

$$\begin{cases} y(0) = 0 \\ y(l) = 0 \\ \theta_a = \theta(0) = y'(0) \\ \theta_b = \theta(l) = y'(l) \end{cases} \tag{2.16}$$

由方程组（2.16）可以看出，该方程组包含 4 个方程，而由于 θ_a、θ_b 均为未知量，使得方程组（2.16）仅有 2 个已知量，无法求解。

因此，根据支座边界条件，补充弹簧铰刚度方程为

$$\begin{cases} M_a = R_a \cdot \theta_a \\ M_b = -R_b \cdot \theta_b \end{cases} \tag{2.17}$$

将式（2.17）进一步写为

$$\begin{cases} -EI \dfrac{\mathrm{d}^2 y}{\mathrm{d}x^2} = R_a \cdot \theta_a \\ -EI \dfrac{\mathrm{d}^2 y}{\mathrm{d}x^2} = -R_b \cdot \theta_b \end{cases} \tag{2.18}$$

采用式（2.18）替换方程组（2.16）中的后两式，可得

$$\begin{cases} y(0) = 0 \\ y(l) = 0 \\ -EIy''(0) = R_a \cdot y'(0) \\ -EIy''(l) = -R_b \cdot y'(l) \end{cases} \tag{2.19}$$

将式（2.15）代入式（2.14），可将方程组更进一步详细写为

$$\begin{cases} B + D = 0 \\ \sin kl \cdot A + \cos kl \cdot B + l \cdot C + D \\ R_a k \cdot A - EIk^2 \cdot B + R_a \cdot C = 0 \\ (EIk^2 \sin kl + R_b k \cos kl) \cdot A + (EIk^2 \cos kl - R_b k \sin kl) \cdot B + R_a \cdot C = 0 \end{cases} \tag{2.20}$$

通过方程组（2.20），即可获得式（2.15）中的各项位置常量，从而获得弹簧铰轴压杆挠度方程。方程组（2.20）具有非零解的条件是，方程组的系数阵[C]=0，即有

$$[C] = \begin{bmatrix} 0 & 1 & 0 & 1 \\ \sin kl & \cos kl & l & 1 \\ R_a k & -EIk^2 & R_a & 0 \\ EIk^2 \sin kl + R_b k \cos kl & EIk^2 \cos kl - R_b k \sin kl & R_b & 0 \end{bmatrix} = 0 \tag{2.21}$$

式（2.21）等同于

$$\left[R_a R_b kl - (R_a + R_b) EI \cdot k - (EI \cdot k)^2 kl \right] \sin kl$$
$$+ \left[2 R_a R_b + (R_a + R_b) EI \cdot k(kl) \right] \cos kl - 2 R_a R_b = 0 \qquad (2.22)$$

上式中，变量 k 即为轴力 P 的函数 [式（2.13）]。考虑到 Euler 公式，计算长度为 l_0 的轴压杆，当 P 达到临界力 P_{cr} 的时候，有

$$P_{cr} = \frac{\pi^2 EI}{l_0^2} = \frac{\pi^2 EI}{(\mu l)^2} \qquad (2.23)$$

结合式（2.13）及式（2.23），可得

$$k = \sqrt{\frac{P_{cr}}{EI}} = \sqrt{\frac{1}{EI} \cdot \frac{\pi^2 EI}{(\mu l)^2}} = \frac{\pi}{\mu l} \qquad (2.24a)$$

即

$$kl = \frac{\pi}{\mu} \qquad (2.24b)$$

将式（2.24b）代入式（2.22），可将式（2.22）改写为含有压杆计算长度系数 μ 的方程式，即

$$\left[R_a R_b \frac{\pi}{\mu} - (R_a + R_b) \frac{EI}{l} \cdot \frac{\pi}{\mu} - \left(\frac{EI}{l} \cdot \frac{\pi}{\mu} \right)^2 \frac{\pi}{\mu} \right] \sin \frac{\pi}{\mu}$$
$$+ \left[2 R_a R_b + (R_a + R_b) \frac{EI}{l} \cdot \left(\frac{\pi}{\mu} \right)^2 \right] \cos \frac{\pi}{\mu} - 2 R_a R_b = 0 \qquad (2.25)$$

上式还可进一步简化。现定义压杆线刚度 i 为

$$i = \frac{EI}{l} \qquad (2.26a)$$

继续定义弹簧铰、压杆刚度比 r_a、r_b 为

$$r_a = \frac{R_a}{i} \qquad (2.26b)$$

$$r_b = \frac{R_b}{i} \qquad (2.26c)$$

在式（2.25）的等号两边，同时除以 i^2，可将式（2.25）进一步简化为

$$\left[(r_a r_b - r_a - r_b) \cdot \frac{\pi}{\mu} - \left(\frac{\pi}{\mu} \right)^3 \right] \sin \frac{\pi}{\mu} + \left[2 r_a r_b + (r_a + r_b) \cdot \left(\frac{\pi}{\mu} \right)^2 \right] \cos \frac{\pi}{\mu} - 2 r_a r_b = 0 \quad (2.27)$$

式（2.27），即为两端弹簧铰约束的轴压杆的屈曲方程，通过求解该方程，即可获得弹簧铰约束下轴压杆的计算长度系数 μ 值。通过式（2.27）可看出，计算长度系数 μ 值仅与刚度比 r_a、r_b 的取值有关。

2.3.4　μ 值的数值解

弹簧铰轴压杆计算长度系数 μ 值的解析解，难以通过式（2.27）直接求出，但可以通过迭代算法，求解出具有足够精度的 μ 值数值解，并在此基础上，采用拟合算法，获得 μ 值的实用计算公式。

现通过割线迭代法[72]，对各给定 r_a、r_b 下的 μ 值进行数值求解。编制 MATLAB 程序[73]进行数值求解，步骤如下所述。

1）对于给定 r_a、r_b 的情况下，定义函数 $f(\mu)$，使得

$$f(\mu) = \left[(r_a r_b - r_a - r_b) \cdot \frac{\pi}{\mu} - \left(\frac{\pi}{\mu} \right)^3 \right] \sin \frac{\pi}{\mu} + \left[2 r_a r_b + (r_a + r_b) \cdot \left(\frac{\pi}{\mu} \right)^2 \right] \cos \frac{\pi}{\mu} - 2 r_a r_b$$

（2.28）

2）预估 μ 值的取值范围，即选定割线迭代法的初值 μ_0 及 μ_1，并使

$$f(\mu_0) \cdot f(\mu_1) < 0 \qquad\qquad (2.29)$$

预估 μ 值的取值范围时，可根据函数 $f(\mu)$ 的曲线形状来进行预估。如图 2.5 所示，为 $r_a = 0$，$r_b \to \infty$ 时的 $f(\mu)$ 曲线形状。可以看出，式（2.27）具有非常多的解，每一个解对应着弹簧铰压杆的一个失稳形态。显然，应取最大解（对应于一阶失稳形态）作为计算长度系数 μ 的取值。因此，合理选定迭代初值是十分重要的。

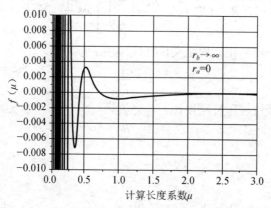

图 2.5　函数 $f(\mu)$ 曲线形状（$r_a = 0$，$r_b \to \infty$）

3）求解出坐标点 $[\mu_0,\ f(\mu_0)]$ 及 $[\mu_1,\ f(\mu_1)]$ 的连线与 μ 坐标轴的交点（μ_2，0）。获得 μ_2 值后，求解出函数值 $f(\mu_2)$。μ_2 的求解方法为

$$\mu_2 = \mu_0 - \frac{\mu_1 - \mu_0}{f(\mu_1) - f(\mu_0)} \cdot f(\mu_0) \qquad (2.30)$$

4）判断 μ_0 及 μ_1 在下一步迭代中的取舍。若

$$f(\mu_0) \cdot f(\mu_2) < 0 \qquad (2.31)$$

则取坐标点 $[\mu_0,\ f(\mu_0)]$ 进行下一步迭代计算；反之，则取坐标点 $[\mu_1,\ f(\mu_1)]$ 进行下一步迭代。

5）重新回到 3），进行循环迭代计算。

6）迭代终止条件，以计算结果的精度为控制依据。在本书算例中，当迭代到第 n 步时，若满足 $f(\mu_n) < 0.5 \times 10^{-4}$，则认为计算精度满足要求，停止迭代。

7）停止迭代时的 μ_n 值，即可取为满足精度要求的，式（2.27）的计算长度系数 μ 值的数值解。

根据上述迭代算法，求解出 r_a、r_b 取值为 $0 \sim 100$ 范围内的 μ 值数值解，列于表 2.1。

表 2.1　计算长度系数 μ 数值解汇总表

r_a	r_b														
	0.00	0.05	0.10	0.20	0.30	0.40	0.50	1.00	2.00	3.00	4.00	5.00	10.00	50.00	100.00
0.00	1.000	0.995	0.990	0.981	0.972	0.964	0.956	0.923	0.875	0.843	0.821	0.804	0.760	0.713	0.706
0.05	0.995	0.990	0.985	0.976	0.967	0.959	0.952	0.918	0.871	0.839	0.817	0.800	0.757	0.710	0.703
0.10	0.990	0.985	0.981	0.971	0.963	0.955	0.947	0.914	0.867	0.836	0.814	0.797	0.754	0.707	0.701
0.20	0.981	0.976	0.971	0.963	0.954	0.946	0.939	0.906	0.860	0.829	0.807	0.791	0.702	0.702	0.696
0.30	0.972	0.967	0.963	0.954	0.946	0.938	0.931	0.899	0.853	0.823	0.801	0.785	0.743	0.697	0.691
0.40	0.964	0.959	0.955	0.946	0.938	0.930	0.923	0.891	0.847	0.816	0.795	0.779	0.738	0.692	0.686
0.50	0.956	0.952	0.947	0.939	0.931	0.923	0.916	0.885	0.840	0.810	0.789	0.774	0.733	0.688	0.682
1.00	0.923	0.918	0.914	0.906	0.899	0.891	0.885	0.855	0.813	0.785	0.765	0.750	0.710	0.668	0.662
2.00	0.875	0.871	0.867	0.860	0.853	0.847	0.840	0.813	0.774	0.748	0.729	0.715	0.678	0.637	0.632
3.00	0.843	0.839	0.836	0.829	0.823	0.816	0.810	0.785	0.748	0.722	0.704	0.690	0.655	0.616	0.611
4.00	0.821	0.817	0.814	0.807	0.801	0.795	0.789	0.765	0.729	0.704	0.686	0.673	0.638	0.600	0.595
5.00	0.804	0.800	0.797	0.799	0.785	0.779	0.774	0.750	0.715	0.690	0.673	0.660	0.625	0.588	0.583
10.00	0.760	0.757	0.754	0.748	0.743	0.738	0.733	0.710	0.678	0.655	0.638	0.625	0.592	0.556	0.551
50.00	0.713	0.710	0.707	0.702	0.697	0.692	0.688	0.668	0.637	0.616	0.600	0.588	0.556	0.520	0.515
100.00	0.706	0.703	0.701	0.696	0.691	0.686	0.682	0.662	0.632	0.611	0.595	0.583	0.551	0.515	0.510

由表 2.1 可以看出：当 $r_a = r_b = 0$ 时，$\mu = 1.0$，此时弹簧铰无转动刚度，轴压杆为两端固定铰接压杆；当 $r_a = 100$、$r_b = 0$，或 $r_a = 0$、$r_b = 100$ 时，$\mu = 0.706$，这与一端固端约束，一端铰接约束的压杆计算长度系数值 0.7（更确切应为 0.6992）十分接近；而当 $r_a = r_b = 100$ 时，$\mu = 0.510$，这与两端固结的轴压杆计算长度系数值 0.5 十分接近。当 $r_a(r_b)$ 为 0 或 $r_b(r_a)$ 取为 1000 或更大时，计算长度系数将与 0.6992 不断接近；而当 $r_a = r_b$ 取为 1000 或更大时，计算长度系数将与 0.5 不断接近；而这一规律，将在本章 2.4 节中进行详细讨论。

2.4　计算长度系数的实用计算公式

2.4.1　计算公式的提出

采用割线迭代法或查表 2.1 来确定弹簧铰支座下轴压杆的计算长度，十分不方便且存在局限。因此，有必要对计算长度系数 μ 值的实用计算公式进行研究，以便于实际应用。

通过 2.2.4 节所提的迭代算法，求解出了 r_a、r_b 取值为 0～100、取值间隔为 0.5 的大量计算长度系数数值解。根据计算结果，绘制出 μ 与 r_a、r_b 相关关系的三维曲面，如图 2.6 及图 2.7 所示。

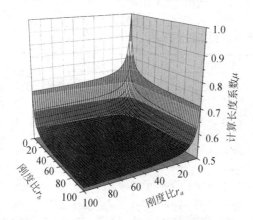 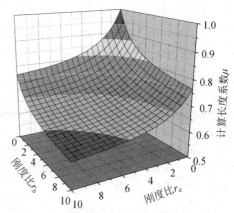

图 2.6　刚度比 r_a、r_b 为 0～100 时曲面　　　图 2.7　刚度比 r_a、r_b 为 0～10 时细部曲面

可以看出，计算长度系数 μ 值在 $r_a = r_b = 0$ 时达到极大值 1.0，之后随着刚度比的增大迅速降低；而当 r_a 与 r_b 足够大时，μ 值变化则十分缓慢。数据表与曲面图还显示，μ 值沿平面 $(r_a = r_b)$ 对称，μ 值曲面十分接近双曲面。因此定义拟合公式 $\mu = g(r_a, r_b)$ 为双曲函数的形式。

经反复试算遴选，取双曲函数的形式为

$$g(r_a, r_b) = A_1 + \frac{A_4}{A_2 \cdot r_a + A_3} + \frac{A_4}{A_2 \cdot r_b + A_3} + \frac{A_7}{A_5 \cdot r_a + A_6} \cdot \frac{A_7}{A_5 \cdot r_b + A_6} \quad (2.32)$$

上式共有 7 个未知系数。为简化拟合公式形式，并减少未知系数，将式（2.32）合并整理为

$$g(r_a, r_b) = \frac{C_1 \cdot r_a r_b + C_2 \cdot (r_a + r_b) + C_3}{C_4 \cdot r_a r_b + C_5 \cdot (r_a + r_b) + C_6} \quad (2.33)$$

调整后，式（2.33）仅有 6 个未知系数。而根据已知条件，式（2.33）的未知

系数可以进一步减少。

1）由 $g(0,0)=1.0$，可以得出

$$g(0,0) = \frac{C_1 \cdot 0 + C_2 \cdot (0+0) + C_3}{C_4 \cdot 0 + C_5 \cdot (0+0) + C_6} = \frac{C_3}{C_6} = 1.0 \quad (2.34)$$

则有 $C_3 = C_6$。

2）由 $g(\infty,\infty)=0.5$，可以得出

$$\lim_{r_a \to \infty, r_b \to \infty} g(r_a, r_b) = \lim_{r_a \to \infty, r_b \to \infty} \frac{C_1 \cdot r_a r_b + C_2 \cdot (r_a + r_b) + C_3}{C_4 \cdot r_a r_b + C_5 \cdot (r_a + r_b) + C_6}$$

$$= \lim_{r_a \to \infty, r_b \to \infty} \frac{C_1 + \dfrac{C_2}{r_a + r_b} + \dfrac{C_3}{r_a r_b}}{C_4 + \dfrac{C_5}{r_a + r_b} + \dfrac{C_6}{r_a r_b}} = \frac{C_1}{C_4} = 0.5 \quad (2.35)$$

则有 $C_4 = 2C_1$。

根据以上条件，可将式（2.33）简化为

$$g(r_a, r_b) = \frac{C_1 \cdot r_a r_b + C_2 \cdot (r_a + r_b) + C_3}{2C_1 \cdot r_a r_b + C_5 \cdot (r_a + r_b) + C_3} \quad (2.36)$$

采用 MATLAB 程序的"CFTOOL"工具箱对上式进行拟合，可得各系数的取值为

$$C_1 = 1.259, \quad C_2 = 5.517, \quad C_3 = 21.35, \quad C_4 = 7.844$$

由此，可最终写出计算长度系数 μ 值的实用计算公式为

$$\mu = \frac{1.259 \cdot r_a r_b + 5.517 \cdot (r_a + r_b) + 21.35}{2.518 \cdot r_a r_b + 7.884 \cdot (r_a + r_b) + 21.35} \quad (2.37)$$

式（2.37）相对于图 2.6 中各数据的标准差为 0.002 368，而相关系数 R 的平方值（R-square）为 0.9997。这说明所提实用拟合公式具有较高的精度。

2.4.2　计算公式的验证

本章 2.1 节曾提及，现有规范中给出了框架结构中，刚架柱计算长度系数的取值方法，然而该方法并不能直接适用于本章所研究的两端弹簧铰支座轴压杆的计算长度系数的确定。现对这种情况进行详细说明，并对本章所提实用公式的计算准确性进行验证。

如图 2.8 所示，为现有设计规范中，采用的有支撑刚架柱计算长度系数取值方法的理论模型[7]，而现行国内外各设计规范计算刚架柱计算长度系数时，所采用的计算原理相同。在我国规范[12]中，刚架柱计算长度系数由相交于柱端节点的横梁线刚度之和与柱线刚度之和的比值 K_1 与 K_2 来确定。而国外则采用相交于柱

端节点的柱线刚度之和与横梁线刚度之和的比值 G_1 与 G_2 进行确定[74~76]，采用这一确定方法的设计规范，包括美国 AISC 设计规范 ANSI/AISC 360-10[13] 以及欧洲设计规范 Eurocode3[15] 等。现以我国钢结构设计规范[12] 为例，进行说明。

取刚架柱脱离体如图 2.9 所示。柱 AB 底端的支座转动刚度为

$$R_a = R_{a1} + R_{a2} + R_{a3} = \frac{M_{a1}}{\theta_a} + \frac{M_{a2}}{\theta_a} + \frac{M_{a3}}{\theta_a}$$

$$= \frac{EI_{b1}}{l_b} \cdot \frac{(4-2)\theta_a}{\theta_a} + \frac{EI_{b2}}{l_b} \cdot \frac{(4-2)\theta_a}{\theta_a} + \frac{EI_{c3}}{l_c} \cdot \frac{C\theta_a + S\theta_b}{\theta_a}$$

$$= 2(i_{b1} + i_{b2}) + i_{c3}\left(C + S\frac{\theta_b}{\theta_a}\right) \tag{2.38}$$

柱 AB 顶端的支座转动刚度同理。

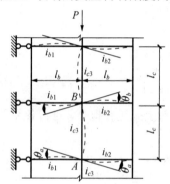

图 2.8　有支撑框架中的刚架柱　　　　图 2.9　刚架柱脱离体

式（2.38）中，C 与 S 为屈曲因子[7]，可按下式计算

$$C = \frac{\dfrac{\pi}{\mu}\left(\tan\dfrac{\pi}{\mu} - \dfrac{\pi}{\mu}\right)}{\tan\dfrac{\pi}{\mu}\left(2\tan\dfrac{\pi}{2\mu} - \dfrac{\pi}{\mu}\right)} \tag{2.39a}$$

$$S = \frac{\dfrac{\pi}{\mu}\left(\dfrac{\pi}{\mu} - \sin\dfrac{\pi}{\mu}\right)}{\sin\dfrac{\pi}{\mu}\left(2\tan\dfrac{\pi}{2\mu} - \dfrac{\pi}{\mu}\right)} \tag{2.39b}$$

通过式（2.39）可以看出，如需采用现有规范方法获得弹簧铰支座下轴压杆的计算长度系数，则首先需将与钢架柱相连的各构件在主节点处的转动刚度求出；而欲求解出该转动刚度，则不仅需首先确定柱上下端转角比 θ_b / θ_a，还需获得刚架柱的计算长度系数，这是不可能完成的任务。因此，采用现行规范中的刚架柱

计算长度系数的确定方法，不能直接地获得弹簧铰支座下轴压杆的计算长度系数。

然而在一些特例下，则该换算可较为方便的进行。当所有的横梁具备同样的线刚度 i_b，同时所有的刚架柱亦具备同样的线刚度 i_c 时，刚架柱上下端转角比 $\theta_b / \theta_a = -1.0$，此时

$$r_a = \frac{R_a}{i_{c3}} = \frac{2(i_{b1}+i_{b2}) + i_{c3}(C-S)}{i_{c3}} = 4K_1 + (C-S) \tag{2.40a}$$

$$r_b = \frac{R_b}{i_{c3}} = \frac{2(i_{b1}+i_{b2}) + i_{c3}(C-S)}{i_{c3}} = 4K_2 + (C-S) \tag{2.40b}$$

虽然利用式（2.40），仍无法直接获得刚架柱的计算长度系数，但该式可作为本章计算方法准确性的验证。表 2.2 列出了计算长度系数的公式解 μ_f、数值解 μ_t、特例刚架柱的计算长度系数规范值 μ_{fc}，以及互相间的对比结果。

表 2.2　计算公式的验证

| 刚　度　比 | | | | 屈曲因子 | | 计算长度系数 | | | 比　值 | | |
| 弹簧/柱 | | 梁/柱 | | | | | | | | | |
r_a	r_b	K_a	K_b	C	S	μ_t	μ_{fc}	μ_f	μ_t / μ_{fc}	μ_f / μ_t	μ_f / μ_{fc}
0.00	0.00	0.00	0.00	2.47	2.47	1.000	1.000	1.000	1.000	1.000	1.000
0.00	5.00					0.804		0.805		1.002	
0.00	10.00					0.760		0.764		1.005	
0.00	5000					0.699		0.700		1.001	
0.20	0.20	0.10	0.10	2.32	2.52	0.963	0.963	0.959	1.000	0.997	0.997
0.20	5.00					0.791		0.791		1.000	
0.20	10.00					0.758		0.750		0.990	
0.20	5000					0.689		0.688		0.998	
1.00	1.00	0.50	0.50	1.75	2.75	0.855	0.855	0.849	1.000	0.993	0.993
1.00	5.00					0.750		0.748		0.997	
1.00	10.00					0.710		0.710		1.000	
1.00	500					0.656		0.652		0.994	
2.00	2.00	1.00	1.00	1.06	3.06	0.774	0.774	0.770	1.000	0.994	0.994
2.00	5.00					0.715		0.713		0.998	
2.00	10.00					0.678		0.678		1.000	
2.00	5000					0.626		0.622		0.993	
10.00	10.00	5.00	5.00	-3.83	6.18	0.592	0.592	0.598	1.000	1.010	1.010
∞	∞	∞	∞			0.500		0.500	1.000	1.000	1.000
平均值									1.000	0.998	0.999
标准差									0.000	0.005	0.006

由计算结果（表 2.2）可以看出：

1）对于相同的支座条件，μ 值的数值解与现行规范中给定的 μ 值精确一致，即恒有 $\mu_t = \mu_{fc}$，这验证了理论方法的正确性。

2）公式值 μ_f 平均低于数值解 μ_t 约 0.2%，标准差为 0.005；同时，公式值 μ_f 平均低于规范值 μ_t 约 0.1%，标准差为 0.006。这验证了，所提实用计算公式，具有较高的精度。

2.5　轴压杆支座条件的讨论

轴压杆的计算长度系数 μ 值，对轴压构件的影响至关重要，而最为直接的影响，就是轴压构件的稳定系数 φ。忽略轴压杆实际支座转动刚度，将使后续分析研究中取用的 μ 值不合理，进而不能对轴压构件的稳定系数 φ 进行准确的考虑与分析。然而考虑到实际情况，支座刚度往往难以实现理想的自由转动或理想刚接。因此，本节对将支座刚度取为理想值时，轴压构件稳定系数 φ 受到的影响进行研究；并给出，当按理想情况考虑轴压杆支座边界时，支座转动刚度应满足的条件。

2.5.1　理想支座假定的 φ 值计算误差

定义误差 δ

$$\delta = \frac{\varphi\big[\mu(r_a, r_b)\big]}{\varphi(\mu_R)} - 1 \tag{2.41}$$

式中：φ 为根据现行国内外各规范计算获得的轴压构件稳定系数；$\mu(r_a, r_b)$ 为考虑实际支座转动刚度的轴压构件计算长度系数；μ_R 为按理想条件确定的轴压构件计算长度系数，当两端理想铰接时取 1.0，两端理想刚接时取 0.5，一端理想铰接一端理想刚接时取 0.6992。

参与本节对比的设计规范，包括我国现行钢结构设计规范 GB 50017—2003[12] 中的 a 类曲线、美国 AISC 推荐规范 ANSI/AISC 360-10[13]、欧洲设计规范 Eurocode3[15]中的 a^0 类曲线及美国 ASCE 推荐规范 ASCE 10—97[14]。

现绘制各种假定支座条件下，不同设计规范误差 δ 与轴压杆正则化长细比 λ_n 的关系曲线如下所述。

（1）当取 $\mu_R = 1.0$ 时

此时轴压构件假定为两端理想铰接。此时各种情况下的 $\delta - \lambda_n$ 曲线如图 2.10 所示。

当轴压构件被假定为理想铰接时，实际压杆的稳定系数将偏高，且支座转动刚度越大，稳定系数误差的幅度也越大。这种误差大到了不能忽略的地步，且是偏于危险的。而对于给定的实际 r_a、r_b 取值，随着长细比 λ_n 的增大，最终误差 δ 趋于稳定。

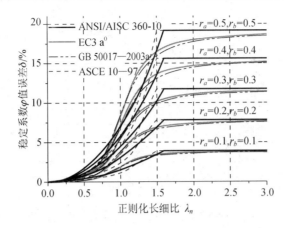

图 2.10　δ - λ_n 曲线（两端假定为理想铰接的情况）

（2）当取 $\mu_R = 0.5$ 时

此时轴压构件假定为两端理想刚接。此时各种情况下的 δ - λ_n 曲线如图 2.11 所示。

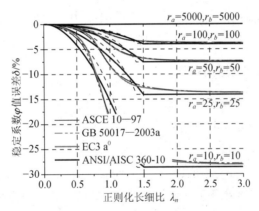

图 2.11　δ - λ_n 曲线（两端假定为理想刚接的情况）

当轴压构件被假定为理想刚接时，实际压杆的稳定系数将偏低，且支座转动刚度越小，稳定系数误差的幅度也越大。对于给定的实际 r_a、r_b 取值，随着长细比 λ_n 的增大，最终误差 δ 趋于稳定。

（3）当取 $\mu_R = 0.6992$ 时

此时轴压构件假定为一端理想铰接，一端理想刚接。此时各种情况下的 δ - λ_n 曲线如图 2.12 所示。

在此种情况下，实际压杆的稳定系数的误差或高或低。同样的，对于给定的实际 r_a、r_b 取值，随着长细比 λ_n 的增大，最终误差 δ 趋于稳定。

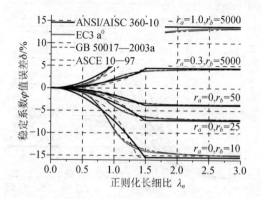

图 2.12　$\delta - \lambda_n$ 曲线（假定一端理想铰接、另一端理想刚接的情况）

通过以上情况可以看出，支座、压杆转动刚度比 r_a、r_b 偏离理想值越远，稳定系数 φ 值的误差越大；而对于给定的刚度比 r_a、r_b，随着长细比的增大，φ 值也不断增大，但最终会收敛于一个极值。

根据这种现象可以发现，对每种情况，均存在刚度比 r_a、r_b 的取值在一定范围时，可使得假定轴压杆支座为理想支座而不计其实际转动刚度时，φ 值误差被限制在一个可以接受的范围内。下节将对 r_a、r_b 的该取值范围进行分析。

2.5.2　理想支座假定的适用条件

本节对假定轴压杆支座为理想支座时，支座刚度应满足的条件进行研究，即给出稳定系数 φ 值误差 δ 的限制方法。

分析图 2.10～图 2.12 中各误差曲线的走势，可以看出，对于给定支座刚度比的条件下，δ 的最大值 δ_u 出现在正则化长细比 λ_n 为无穷大时。此外还可看出，不同设计规范的误差 δ 大小不同，而以美国 AISC 的推荐规范 ANSI/AISC 360-10 为最大。因此，以 ANSI/AISC 360-10 中柱子曲线的误差为对象，对限制误差 δ 的方法进行研究。

根据 ANSI/AISC 360-10 的柱子曲线计算式，当 λ_n 足够大时，δ_u 有

$$\delta_u = \frac{\varphi\left[\mu(r_a, r_b)\right]}{\varphi(\mu_0)} - 1 = \frac{0.877}{(\mu\lambda_n/\mu_0)^2}\bigg/\frac{0.877}{\lambda_n^2} - 1 \qquad (2.42a)$$

即

$$\delta_u = \left(\frac{\mu_0}{\mu}\right)^2 - 1 \qquad (2.42b)$$

本书建议 δ_u 的取值不应超过 5%。这是因为在这样的限定下，可使轴压杆的稳定承载力分析具有足够的精度；而更小的 δ_u 值将使相应的支座条件更加难以实现。

结合式（2.42b），分别考虑各种支座假定下，绘制出 $\delta_u < 5\%$ 的曲线，如图 2.13 所示。为使曲线更清晰，将图 2.13 中的曲线采用对数坐标系重置，如图 2.14 所示。

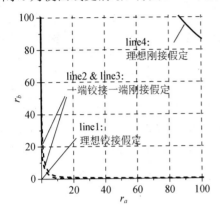 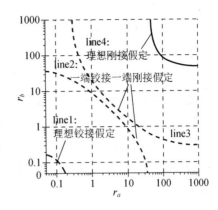

　　图 2.13　支座条件方程曲线　　　　　图 2.14　支座条件方程曲线（对数坐标系）

由图 2.13 可以看出，可供实现理想支座假定的情况是十分稀少的，尤其是两端理想铰接假定（曲线 line1 下方），其控制线在图中几乎不可见；实现一端铰接一端刚接假定的支座刚度 r_a、r_b 的选择范围被限制在两条曲线中间的狭长区间内（曲线 line2 与 line3 之间）；而两端理想刚接假定的选择区间则较多（曲线 line4 上方），但这也同时说明，为实现理想刚接而持续增强支座刚度，并不是一个经济的方法，其本质是增强刚度所带来的效果是不成比例的。

现采用拟合方法对上述控制曲线进行描述，首先找出函数基，然后采用 MATLAB 编程进行拟合。

拟合获得的各曲线控制方程为如下：

1）实现理想铰接假定的条件方程为

$$r_a + r_b \leqslant 0.22 \tag{2.43}$$

2）实现一端铰接一端刚接假定的条件方程组力

$$\begin{cases} (r_a - 0.286) \cdot (r_b - 0.286) \leqslant 14.25 \\ (r_a + 0.263) \cdot (r_b + 0.263) \geqslant 11.94 \end{cases} \tag{2.44}$$

3）实现理想刚接假定的条件方程为

$$(r_a - 46.5) \cdot (r_b - 46.5) \geqslant 2173 \tag{2.45}$$

式（2.43）～式（2.45）即为实现轴压杆理想支座假定所需的控制条件方程。

2.6 小　　结

本章结合试验及相关工程中的实际情况，对两端由弹簧铰约束的轴压杆的计算长度系数进行了研究，并得出以下主要结论。

1）轴压构件的支座刚度对计算长度的取值有很大影响，不考虑支座的实际转动刚度，会对轴压构件稳定系数的计算产生较大误差。

2）两端固定弹簧铰约束下，轴压构件的实际计算长度系数，由底端、顶端支座转动刚度与构件线刚度的比值（刚度比 r_a、r_b）确定。具有足够精度的计算长度系数数值解可由以下解析式 [同式（2.27）] 求解得出；或按插值法，查本章表 2.1 得到。

$$\left[(r_a r_b - r_a - r_b) \cdot \frac{\pi}{\mu} - \left(\frac{\pi}{\mu}\right)^3\right] \sin\frac{\pi}{\mu} + \left[2r_a r_b + (r_a + r_b) \cdot \left(\frac{\pi}{\mu}\right)^2\right] \cos\frac{\pi}{\mu} - 2r_a r_b = 0 \quad (2.46)$$

3）可按如下计算公式 [同式（2.37）]，进行两端固定弹簧铰约束下，轴压杆计算长度系数的实用计算。

$$\mu = \frac{1.259 \cdot r_a r_b + 5.517 \cdot (r_a + r_b) + 21.35}{2.518 \cdot r_a r_b + 7.884 \cdot (r_a + r_b) + 21.35} \quad (2.47)$$

4）在假定支座为铰接约束时，轴压构件稳定系数对支座刚度的变化十分敏感。因此，当假定支座为铰接时，应充分考虑支座实际转动刚度对构件承载力的影响。

5）在假定支座为刚接约束时，相比于铰接情况，轴压构件稳定系数受支座刚度变化的影响相对较小，但仍应进行充分考虑。

6）对支座实际转动刚度进行控制，可使轴压构件稳定系数的误差被限制在一个可控范围内。本章提出的支座刚度控制条件方程 [式（2.43）～式（2.45）]，可使轴压构件稳定系数的计算误差，被有效限制在 5% 以内。

第 3 章　试验准备及试件计算长度的确定

3.1　引　言

在对高强度大规格角钢试件进行轴压加载试验前，需进行相关准备工作，以使得轴压试验能顺利进行，同时又获得精度较高的试验结果。本章首先进行试件的材性试验，得到试验试件的本构关系。随后又对试件初始数据进行测量，获得各试件的实际几何参数。最后，对加载设备的支座转动刚度等参数进行测量，然后采用上一章中推导出的计算长度系数实用计算公式对各轴压试件的计算长度进行修正。

3.2　材　性　试　验

本试验中材性拉伸试样均为板材，按《钢及钢产品力学性能试验取样位置及试验制备》（GB/T 2975—1998）[77]中的要求，从同批钢材中切取。每种截面的大角钢试件均切取 3 根试样，则共对 48 个大角钢材性试样进行了拉伸试验。如图 3.1 所示为拉断后的 L220×20 截面规格中切取的大角钢拉伸试样。

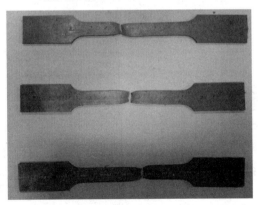

图 3.1　拉断后 L220×20 截面拉伸试样

试验的拉伸试验，根据《金属拉伸试验第一部分：室温试验方法》（GB/T 228.1—2010）[78]中的相关要求进行。拉伸过程如图 3.2 所示，由加载机自动读取拉伸荷载；由引伸计读取试样应变。如图 3.3 所示为拉断后的材性试样。

图 3.2　试样拉伸加载　　　　　图 3.3　L220×20 截面拉伸试样（拉断后）

　　材性试验测量的数据包括 Q420 材质的实际屈服强度 f_y、极限抗拉强度 f_u、弹性模量 E、屈强比等参数。这些参数将作为后续试验结果处理、理论及有限元数值分析的基础数据。

3.2.1　Q420 材质应力-应变（$\sigma-\varepsilon$）关系曲线

　　拉伸试验表明，取自相同截面的 3 根材性试样，其材性曲线互相间十分接近；而取自不同截面的材性试样，其材性曲线则存在差别。因此在本书后续研究中，应根据大角钢的截面取用材性试验的数据，对于相同截面规格的大角钢试件，可取用同组材性数据的平均值，作为该截面规格构件的材性数据。

　　为显示清晰，将各截面材性试样中,各取一根典型代表性应力-应变关系曲线,绘于图 3.4 中。

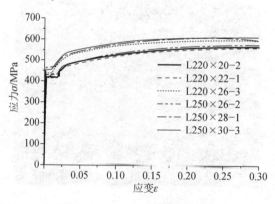

图 3.4　Q420 材性曲线汇总

　　通过图 3.4 还可以看出，Q420 材性曲线的屈服平台十分短小；同时在屈服平台后，材性曲线中存在明显的强化阶段。这就预示着，Q420 材质的大角钢轴压试件，在轴力 P 及二阶弯矩 M 作用下，部分截面（边缘截面）屈服后，将迅速进入强化阶段，从而使其承载力获得继续高。

Q420 高强度大角钢的这一特性，将在后文中进行详细分析。

3.2.2　Q420 材质材性数据

根据材性试验，可获得各试样的实测材性数据，如表 3.1 所示。

我国现行钢结构设计规范[12]中，钢材的强度设计值 f 与名义强度 f_y 存在如下关系[79]：

$$f = \frac{f_y}{\gamma_R} \tag{3.1}$$

式中：γ_R 为抗力分项系数。

表 3.1　各 Q420 截面规格试件材性数据平均值

材性试样 母材截面	弹性模量 E/MPa	屈服强度 f_y/MPa	极限抗拉强度 f_u/MPa	屈强比 f_y/f_u
L220×20	$2.03×10^5$	410	591	0.69
L220×22	$2.07×10^5$	430	595	0.72
L220×26	$2.11×10^5$	436	610	0.71
L250×26	$2.11×10^5$	430	612	0.70
L250×28	$2.12×10^5$	465	650	0.72
L250×30	$2.08×10^5$	453	630	0.72

在我国现行钢规[12]中，对于 Q420 钢材，该系数取为 $\gamma_R = 1.111$。该规范同时规定，板厚在 16～35mm 的 Q420 材质，其屈服强度设计值为 $f = 360\,\text{MPa}$，由此可以计算出满足规范要求的 Q420 轴压试件屈服强度约为 $f_y = 400\,\text{MPa}$。表 3.1 显示，通过材性试样获得的大角钢轴压试件实际屈服强度，均高于我国现行规范中所规定的数值，材料强度等级符合国家标准中的要求。

3.3　轴压试件初始数据的测量

在每根大角钢轴压试件加载试验前，应对各试件的实际肢宽 b、板厚 t、长度 l、初始变形等数据进行测量，以获得大角钢轴压试件更为准确的数据，便于后续进一步更精确地分析大角钢轴压杆的力学性能。

3.3.1　试件初始几何尺寸的测量

在每根大角钢试件开始轴压加载前，应对每根试件的初始几何尺寸进行测量，需测量的内容如图 3.5 所示，包括截面实际肢宽 b、实际肢厚 t 以及实际构件长度

l。b_1 及 b_2 为大角钢截面形心坐标。

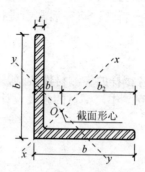

图 3.5　大角钢截面参数

各试件的实际截面尺寸测量结果汇总列于表 3.2 中。表中的试件编号以下例进行解释：L220×20-40-2 表示名义肢宽为 220mm、名义肢厚为 20mm、名义长细比为 40 的第 2 根轴压试件。

表 3.2　各试件实际尺寸测量结果表

试件编号	名义尺寸/mm			实测尺寸/mm		
	b_0	t_0	l_0	b	t	l
L220×20-35-1				222.5	21.03	1248.4
L220×20-35-2			1247	221.5	21.17	1249.4
L220×20-35-3				222.5	21.15	1246.6
L220×20-40-1				222.5	21.24	1464.7
L220×20-40-2			1464	222.0	21.26	1466.2
L220×20-40-3				221.0	21.20	1463.5
L220×20-45-1				221.0	21.26	1681.8
L220×20-45-2	220	20	1681	222.0	22.20	1680.4
L220×20-45-3				222.0	22.14	1680.5
L220×20-50-1				221.5	21.20	1897.7
L220×20-50-2			1898	223.0	21.38	1897.9
L220×20-50-3				221.5	21.18	1900.3
L220×20-55-1				222.0	21.21	2114.4
L220×20-55-2			2115	222.5	21.22	2114.7
L220×20-55-3				222.0	21.56	2115.8
L220×22-35-1				222.5	22.94	1241.6
L220×22-35-2			1240	222.0	22.76	1242.4
L220×22-35-3				222.5	22.87	1239.7
L220×22-40-1				222.5	22.69	1456.0
L220×22-40-2	220	22	1456	222.5	22.79	1456.8
L220×22-40-3				222.5	22.81	1458.0
L220×22-45-1				222.0	22.78	1671.9
L220×22-45-2			1672	221.5	22.75	1672.9
L220×22-45-3				222.0	22.76	1674.7

试件编号	名义尺寸/mm			实测尺寸/mm		
	b_0	t_0	l_0	b	t	l
L220×22-50-1				222.5	22.69	1889.7
L220×22-50-2			1888	222.5	22.79	1890.7
L220×22-50-3	220	22		222.5	22.81	1888.5
L220×22-55-1				223.0	22.97	2104.3
L220×22-55-2			2104	222.5	22.45	2103.5
L220×22-55-3				221.5	22.67	2103.3
L220×26-35-1				222.0	26.96	1235.9
L220×26-35-2			1233	222.0	26.98	1233.8
L220×26-35-3				222.0	26.74	1234.9
L220×26-40-1				223.0	26.73	1449.3
L220×26-40-2			1448	221.5	26.58	1448.4
L220×26-40-3				222.5	26.37	1448.4
L220×26-45-1				221.5	26.64	1662.2
L220×26-45-2	220	26	1663	222.0	26.51	1665.5
L220×26-45-3				223.0	26.48	1665.1
L220×26-50-1				221.5	26.73	1880.6
L220×26-50-2			1878	222.5	26.85	1880.4
L220×26-50-3				221.5	26.77	1879.4
L220×26-55-1				223.0	26.59	2095.0
L220×26-55-2			2093	222.5	26.65	2093.3
L220×26-55-3				223.0	26.47	2094.1
L250×26-35-1				252.0	26.90	1445.4
L250×26-35-2			1443	253.0	26.87	1444.0
L250×26-35-3				252.5	26.87	1444.4
L250×26-40-1				252.0	26.82	1690.9
L250×26-40-2			1688	252.0	26.79	1688.3
L250×26-40-3				252.5	26.80	1687.6
L250×26-45-1				253.0	26.71	1934.7
L250×26-45-2	250	26	1933	253.5	26.70	1932.8
L250×26-45-3				253.0	26.77	1933.0
L250×26-50-1				252.0	26.53	2179.8
L250×26-50-2			2178	252.5	26.53	2178.3
L250×26-50-3				252.0	26.83	2178.7
L250×26-55-1				251.5	26.45	2422.5
L250×26-55-2			2423	251.5	26.40	2424.0
L250×26-55-3				252.0	26.69	2424.1
L250×28-35-1				250.5	28.51	1442.3
L250×28-35-2			1440	251.3	28.48	1439.7
L250×28-35-3	250	28		251.0	28.73	1440.9
L250×28-40-1				251.5	28.42	1684.4
L250×28-40-2			1684	251.0	28.56	1686.1
L250×28-40-3				250.5	28.49	1685.3

续表

试件编号	名义尺寸/mm			实测尺寸/mm		
	b_0	t_0	l_0	b	t	l
L250×28-45-1				252.0	28.51	1930.5
L250×28-45-2			1929	252.0	28.51	1929.3
L250×28-45-3				251.0	28.51	1928.4
L250×28-50-1				252.5	28.53	2173.4
L250×28-50-2	250	28	2173	252.0	28.46	2174.2
L250×28-50-3				252.5	28.55	2172.7
L250×28-55-1				252.5	28.43	2418.1
L250×28-55-2			2418	243.5	28.39	2420.6
L250×28-55-3				253.5	28.48	2420.3
L250×30-35-1				251.0	30.56	1437.5
L250×30-35-2			1436	250.0	30.61	1439.0
L250×30-35-3				249.5	30.48	1435.1
L250×30-40-1				252.5	30.65	1679.6
L250×30-40-2			1680	253.0	30.73	1682.1
L250×30-40-3				252.0	30.55	1681.2
L250×30-45-1				252.5	30.45	1923.8
L250×30-45-2	250	30	1924	253.0	30.57	1926.2
L250×30-45-3				251.5	30.57	1924.0
L250×30-50-1				254.0	30.62	2169.0
L250×30-50-2			2168	250.5	30.54	2169.9
L250×30-50-3				253.5	30.69	2170.8
L250×30-55-1				250.5	30.54	2413.5
L250×30-55-2			2412	254.5	30.69	2412.8
L250×30-55-3				255.0	30.68	2412.9

在试件设计时，表中各试件长度均考虑扣除加载机上下端转动铰点与加载端板的距离，共 272.0mm。

通过表 3.2 可以看出，本批试验用大角钢轴压试件，其截面宽度、高度均大于其名义值，即试件截面均为正公差。这预示着，各轴压试件将有着很高的极限承载力。

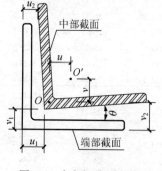

图 3.6　大角钢截面参数

3.3.2　试件初始变形的测量

初始变形，是轴压试件的一项主要初始缺陷，对试件的极限承载力有着十分重要的影响，因此需在试验前进行测量。采用弹线法对试件的初变形进行测量，即按如图 3.6 所示，测量试件中部截面肢尖、肢背偏移两端截面肢尖、肢背连线的距离 u_1、u_2 及 v_1、v_2。

通过式（3.2）可测出偏移后截面形心 O' 相对于两端截面形心 O 连线的位移值 u、v，以及所测量截面的转角 θ。

$$\begin{cases} u = \dfrac{b_2 \cdot u_1 + b_1 \cdot u_2}{b} \\[2mm] v = \dfrac{b_2 \cdot v_1 + b_1 \cdot v_2}{b} \\[2mm] \theta = \dfrac{(u_2 - u_1) + (v_2 - v_1)}{2b} \end{cases} \tag{3.2}$$

对各试件的初始变形进行了测量，并按式（3.3）求解出每根大角钢轴压试件的初变形相对于杆长的比值 η，汇总列于表 3.3。

$$\eta = \frac{\sqrt{u^2 + v^2}}{l} \tag{3.3}$$

表 3.3　各试件初变形测量结果表

试件编号	实测位移数据/mm				形心位移/mm		形心转角	η /‰
	u_1	v_1	u_2	v_2	u	v	θ /rad	
L220×20-35-1	0.1	0.1	1.2	−0.5	0.4	−0.1	−0.001	0.33
L220×20-35-2	−0.4	0.1	−0.4	0.2	−0.4	0.1	0.000	0.34
L220×20-35-3	0.2	−0.3	0.7	−0.9	0.3	−0.5	0.000	0.46
L220×20-40-1	−0.8	−1.3	0.2	1.1	−0.5	−0.6	−0.008	0.56
L220×20-40-2	0.2	−0.3	−0.3	0.2	0.1	−0.2	0.000	0.12
L220×20-40-3	0.2	−1.0	0.1	−0.9	0.2	−1.0	0.000	0.67
L220×20-45-1	0.1	−0.9	0.2	−0.9	0.1	−0.9	0.000	0.54
L220×20-45-2	0.2	−0.4	0.1	0.0	0.2	−0.3	−0.001	0.20
L220×20-45-3	0.1	−0.8	−0.8	−0.3	−0.2	−0.7	0.001	0.40
L220×20-50-1	−1.9	1.3	1.2	0.0	−1.0	0.9	−0.004	0.73
L220×20-50-2	1.0	−0.9	0.2	1.2	0.8	−0.3	−0.003	0.44
L220×20-50-3	0.1	−1.0	1.1	−0.9	0.4	−1.0	−0.003	0.55
L220×20-55-1	1.2	−1.0	0.0	1.1	0.9	−0.4	−0.002	0.45
L220×20-55-2	−0.3	−1.3	−0.4	−1.0	−0.3	−1.2	0.000	0.60
L220×20-55-3	−0.8	0.2	0.2	−0.9	−0.5	−0.1	0.000	0.25
$|\theta|_{max}$ 和 η_{max}							0.008	0.73
L220×22-35-1	0.5	1.1	1.0	0.2	0.6	0.8	0.001	0.85
L220×22-35-2	0.2	−0.9	0.1	0.1	0.2	−0.6	−0.002	0.51
L220×22-35-3	−1.0	0.1	−0.8	−0.9	−0.9	−0.2	0.002	0.78
L220×22-40-1	−0.9	1.1	−0.8	0.1	−0.9	0.8	0.002	0.82
L220×22-40-2	0.2	0.1	0.1	−1.0	0.2	−0.2	0.003	0.19
L220×22-40-3	−0.4	1.1	−0.3	−0.9	−0.4	0.5	0.004	0.44
L220×22-45-1	−0.4	1.2	−0.3	−1.0	−0.4	0.6	0.005	0.41
L220×22-45-2	0.0	−0.3	0.2	−0.3	0.1	−0.3	0.000	0.18
L220×22-45-3	0.5	0.0	−0.5	0.1	0.2	0.0	0.002	0.13
L220×22-50-1	0.1	1.0	−0.9	0.0	−0.2	0.7	0.005	0.39
L220×22-50-2	1.1	0.1	0.1	−1.0	0.8	−0.2	0.005	0.45

试件编号	实测位移数据/mm				形心位移/mm		形心转角	η /‰
	u_1	v_1	u_2	v_2	u	v	θ /rad	
L220×22-50-3	1.0	0.2	−0.5	1.1	0.6	0.5	0.001	0.39
L220×22-55-1	0.2	−0.4	0.6	0.7	0.3	−0.1	−0.003	0.15
L220×22-55-2	−0.4	−0.9	0.0	−0.3	−0.3	−0.7	−0.002	0.37
L220×22-55-3	0.7	−0.9	−0.3	0.6	0.4	−0.5	−0.001	0.30
$\lvert\theta\rvert_{max}$ 和 η_{max}							0.005	0.85
L220×26-35-1	−1.3	0.0	0.5	0.1	−0.8	0.0	−0.004	0.63
L220×26-35-2	−0.3	−0.9	1.2	0.2	0.1	−0.6	−0.006	0.48
L220×26-35-3	−0.8	1.2	−0.4	0.0	−0.7	0.9	0.002	0.88
L220×26-40-1	1.0	0.2	1.1	0.7	1.0	0.3	−0.001	0.75
L220×26-40-2	1.1	0.2	0.1	0.6	0.8	0.3	0.001	0.60
L220×26-40-3	−0.4	−0.5	0.6	0.2	−0.1	−0.3	−0.004	0.22
L220×26-45-1	−0.3	−0.4	0.7	0.1	0.0	−0.3	−0.003	0.15
L220×26-45-2	0.2	−0.4	0.1	0.2	0.2	−0.2	−0.001	0.17
L220×26-45-3	0.0	−0.4	0.6	0.6	0.2	−0.1	−0.004	0.12
L220×26-50-1	1.1	−0.4	1.2	1.2	1.1	0.1	−0.004	0.60
L220×26-50-2	0.1	−0.9	0.6	1.1	0.2	−0.3	−0.006	0.21
L220×26-50-3	0.0	−0.4	0.2	0.6	0.1	−0.1	−0.003	0.07
L220×26-55-1	0.5	0.2	0.1	0.5	0.4	0.3	0.000	0.23
L220×26-55-2	0.2	0.7	0.2	1.2	0.2	0.8	−0.001	0.42
L220×26-55-3	0.5	0.2	0.2	1.2	0.4	0.5	−0.002	0.31
$\lvert\theta\rvert_{max}$ 和 η_{max}							0.006	0.88
L250×26-35-1	0.1	0.2	0.0	0.2	0.1	0.2	0.000	0.17
L250×26-35-2	0.5	1.1	−0.3	−0.8	0.3	0.6	0.006	0.49
L250×26-35-3	0.7	0.6	−0.4	−0.3	0.4	0.4	0.005	0.41
L250×26-40-1	0.1	0.6	0.2	0.7	0.1	0.7	0.000	0.43
L250×26-40-2	0.5	0.1	1.2	0.0	0.8	0.1	−0.001	0.47
L250×26-40-3	0.2	0.5	0.2	0.6	0.2	0.6	0.000	0.38
L250×26-45-1	0.1	0.5	0.2	0.6	0.1	0.6	0.000	0.32
L250×26-45-2	0.1	0.0	0.7	0.0	0.3	0.0	−0.001	0.16
L250×26-45-3	0.0	0.5	0.1	−0.3	0.0	0.3	0.002	0.16
L250×26-50-1	0.2	0.6	0.2	0.2	0.2	0.6	0.001	0.27
L250×26-50-2	0.2	0.5	0.1	−0.4	0.2	0.3	0.002	0.15
L250×26-50-3	0.7	0.0	−0.4	0.5	0.4	0.2	0.001	0.21
L250×26-55-1	0.6	0.7	−0.3	0.1	0.4	0.6	0.003	0.30
L250×26-55-2	0.6	−0.3	1.6	0.2	1.0	−0.2	−0.003	0.42
L250×26-55-3	−0.8	0.6	0.0	0.1	−0.6	0.5	−0.001	0.34
$\lvert\theta\rvert_{max}$ 和 η_{max}							0.006	0.49
L250×28-35-1	0.1	0.1	−0.3	0.1	0.0	0.1	0.001	0.08
L250×28-35-2	0.7	0.6	0.6	−0.3	0.8	0.4	0.002	0.59
L250×28-35-3	0.7	0.6	0.5	0.5	0.7	0.6	0.001	0.68
L250×28-40-1	0.1	−0.4	0.6	0.2	0.3	−0.3	−0.003	0.22
L250×28-40-2	−0.4	−0.3	−0.5	0.0	−0.5	−0.2	0.000	0.32

续表

试件编号	实测位移数据/mm				形心位移/mm		形心转角 θ /rad	η /‰
	u_1	v_1	u_2	v_2	u	v		
L250×28-40-3	0.1	0.0	1.2	0.0	0.5	0.0	−0.003	0.28
L250×28-45-1	0.0	0.1	1.0	0.0	0.3	0.1	−0.002	0.18
L250×28-45-2	0.7	0.0	1.0	0.1	0.9	0.0	−0.001	0.46
L250×28-45-3	0.5	1.1	0.1	0.1	0.4	0.9	0.003	0.53
L250×28-50-1	0.7	1.1	0.6	0.2	0.8	1.0	0.002	0.56
L250×28-50-2	0.6	0.5	0.7	0.7	0.7	0.6	−0.001	0.44
L250×28-50-3	0.1	0.6	0.7	−0.3	0.3	0.4	0.001	0.23
L250×28-55-1	0.2	−0.4	−0.8	−0.3	−0.1	−0.4	0.002	0.18
L250×28-55-2	1.2	1.5	1.1	0.6	1.3	1.4	0.002	0.80
L250×28-55-3	0.7	0.1	1.2	0.7	1.0	0.3	−0.003	0.42
$|\theta|_{\max}$ 和 $\eta_{\max}$							0.003	0.80
L250×30-35-1	0.2	0.2	−0.3	0.7	0.1	0.8	0.000	0.28
L250×30-35-2	0.6	0.1	0.1	−0.4	0.5	−0.1	0.002	0.36
L250×30-35-3	0.5	0.6	0.2	0.0	0.5	0.5	0.002	0.47
L250×30-40-1	0.1	0.7	0.7	−0.4	0.3	0.4	0.001	0.32
L250×30-40-2	0.2	0.2	0.6	0.1	0.4	0.2	−0.001	0.24
L250×30-40-3	0.1	0.1	0.2	0.6	0.1	0.3	−0.001	0.19
L250×30-45-1	0.1	0.2	0.1	0.6	0.1	0.4	−0.001	0.20
L250×30-45-2	0.2	0.2	0.7	0.7	0.4	0.4	−0.002	0.29
L250×30-45-3	0.1	0.0	0.5	−0.4	0.2	−0.1	0.000	0.15
L250×30-50-1	0.2	0.2	0.2	−0.4	0.2	0.0	0.001	0.11
L250×30-50-2	0.1	0.6	0.6	1.1	0.3	0.8	−0.002	0.41
L250×30-50-3	0.1	0.2	0.1	0.5	0.1	0.3	−0.001	0.16
L250×30-55-1	0.2	0.6	0.7	1.2	0.4	0.9	−0.003	0.40
L250×30-55-2	1.0	1.1	1.1	0.6	1.2	1.1	0.001	0.66
L250×30-55-3	0.2	−0.4	0.2	0.1	0.2	−0.3	−0.001	0.15
$|\theta|_{\max}$ 和 $\eta_{\max}$							0.003	0.66
$|\theta|_{\text{tol-max}}$ 和 $\eta_{\text{tol-max}}$							0.008	0.88

由上表可以看出，本研究所采用的大角钢试件，其加工质量较好，试件初变形很小。轴压杆截面最大扭转变形绝对值为 $|\theta|_{\text{tol-max}} = 0.008$ rad（约 0.458°），截面初始扭转变形可忽略不计；而试件中最大初弯曲幅值与杆长之比 $\eta_{\text{tol-max}} = 0.88$‰，明显小于我国现行《钢结构工程施工质量验收规范》（GB 50205—2001）[80]以及欧洲 ECCS[81,82]、美国 AISC[83]等推荐的国外设计及施工验收规范中容许值 $[\eta_{\max}] = 1.0$‰，试件直度较好。

由第一章的介绍可知，大多数国家和地区在制定柱子曲线时，往往假定初变形幅值取为 1/1000 杆长，之后采用弹塑性数值分析法，对不同截面类型、不同残余应力分布等条件下的轴压杆极限承载力进行数值求解。我国现行钢结构规范中柱子曲线，便是根据李开禧等[25,26]采用逆算单元长度法获得的稳定系数数值计算结果确定得来。事实上，对于各大角钢试件的试验承载力，本书更偏向于用来验证有限元数值模型。当获得验证合理的数值模型后，再将大角钢数值模型的初变形幅值定义为杆长的 1/1000，之后再根据数值模型的计算结果，对大角钢的轴压稳定承载力计算方法进行研究。该部分内容将在第 6 章中进行详细阐述。

3.4　试件计算长度的修正

由本书第 2 章的内容可知，计算长度的合理取值，对准确分析轴压构件的力学性能而言是十分重要的。因此，本节结合实际轴压试件的加载试验，对加载设备的试件上、下支座转动刚度 R_a 及 R_b 进行测量，进而采用式（2.27），对每根大角钢轴压试件的计算长度系数 μ 进行数值求解。

3.4.1　支座转动刚度的测算

如图 3.7 所示为支座刚度测量方法的图解，在试件的上、下端部各设置 6 处应变测点（S-A~S-F），用以测量角钢端部截面内的应力分布；在上、下端部，沿大角钢试件的强轴（$y-y$）轴，各根据形心对称设置两处位移测点（DR-1，DR-2），用以测量支座转角。如图 3.8 所示，为加载机支座转动刚度的测量现场照片；而图 3.9 及图 3.10 分别为加载设备中，试件顶部、底部支座转动刚度测点布置的现场照片。

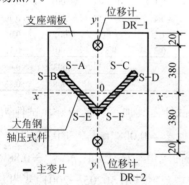

图 3.7　加载机支座转动刚度测量简图　　　图 3.8　加载机支座转动刚度测量现场

结合试件的轴压加载试验，对支座刚度进行测量。通过应变片获得各应变测点的应变为 $\varepsilon_A \sim \varepsilon_E$，并根据胡克定律计算出各测点的应力为 $\sigma_A \sim \sigma_E$，并按图 3.11 确定截面应力分布。

 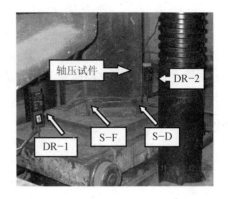

图 3.9　加载机顶部加载端转动刚度的测量　　图 3.10　加载机底部加载端转动刚度的测量

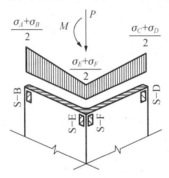

图 3.11　试件端部截面应力分布

在轴向压力 P 与截面弯矩 M 共同作用下，截面边缘应力 $\sigma_{\max}$ 及 $\sigma_{\min}$ 满足

$$\sigma_{\max} = E\varepsilon_{\max} = \frac{P}{A} + \frac{M}{W_x} \tag{3.4a}$$

$$\sigma_{\min} = E\varepsilon_{\min} = \frac{P}{A} - \frac{M}{W_x} \tag{3.4b}$$

式中：W_x 为大角钢截面绕弱轴（$x-x$）的截面抗弯抵抗矩。

用式（3.4b）减去式（3.4a），可得

$$E(\varepsilon_{\max} - \varepsilon_{\min}) = \frac{2M}{W_x} \tag{3.5a}$$

根据式（3.5a），可解出端面弯矩 M 为

$$M = \frac{W_x E(\varepsilon_{\max} - \varepsilon_{\min})}{2} \tag{3.5b}$$

结合图 3.11，可进一步得出端面截面绕弱轴（$x-x$）轴的弯矩 M 与测点应变的关系式

$$M = \frac{2(\varepsilon_E + \varepsilon_F) - (\varepsilon_A + \varepsilon_B + \varepsilon_C + \varepsilon_D)}{4} \cdot EW_x \qquad (3.6)$$

式（3.6），即为通过截面应变分布获得截面弯矩 M 的计算方法。

如图 3.12 所示为支座转角测量方法图解。其中，D 表示位移测点间的距离，本书中的测点布置为 $D = 760\text{mm}$；v_1、v_2 分别表示位移测点的垂直位移。支座转角 θ 按式（3.7）进行确定。

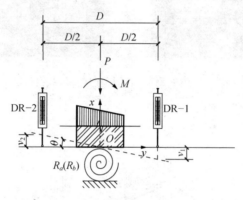

图 3.12　试件端部支座转角

$$\theta = \frac{v_2 - v_1}{D} \qquad (3.7)$$

由此可计算出支座转动刚度为

$$R_a = M/\theta \qquad (3.8)$$

即

$$R_a = \frac{2(\varepsilon_E + \varepsilon_F) - (\varepsilon_A + \varepsilon_B + \varepsilon_C + \varepsilon_D)}{4(v_2 - v_1)} \cdot DEW_x \qquad (3.9)$$

上端支座转动刚度 R_b 亦同理。式（3.9）即为通过实测应变、位移数据计算支座刚度的计算式。

结合试件的轴压加载，对支座刚度进行测量。本书结合试件 L220×26-40-1、L250×28-50-1、L250×30-45-2 共 3 根试件的轴压试验，对支座转动刚度进行了测量，3 次试验的测量的支座转动刚度的最终结果，如图 3.13 和图 3.14 所示。图 3.13 及图 3.14，分别为通过实测获得的轴压试件底部、顶部转动刚度 R_a、R_b 随轴力加载值 P 的变化曲线。

可以看出，本试验所采用加载设备的支座转动刚度 R_a、R_b 并非恒定值，而是随着轴压荷载 P 的增加而持续增长的，同时还可以看出，支座刚度的实测计算点较为离散。加载设备顶部支座的转动刚度，要明显小于底部支座的转动刚度，即 $R_b \ll R_a$。

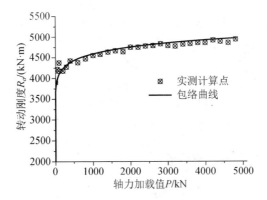

图 3.13　底部支座刚度-荷载（R_a-P）曲线

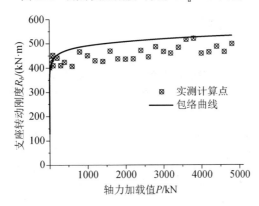

图 3.14　顶部支座刚度-荷载（R_b-P）曲线

由第 2 章的分析可以看出，当支座转动刚度较大时，轴压试件的计算长度系数 μ 将较小，那么据此由各现行规范得出的稳定系数计算值 φ_c 将较大。这一情况表明，当采用略为偏大的支座转动刚度，来修正试件的计算长度时，得到的试验点来确定规范中使用的稳定系数值，可使工程设计结果略偏安全。因此，加载设备的支座转动刚度，在以实际测试结果为准的前提下，宜偏高取用包络线，如图 3.13 和图 3.14 所示的包络曲线。

为便于后续分析，本书采用幂函数绘制出了数据点的包络曲线。经反复试算得到的包络方程为

$$R_a = 3253.85 \cdot P^{0.05} \tag{3.10a}$$

$$R_b = 347.83 \cdot P^{0.05} \tag{3.10b}$$

值得说明的是，通过式（3.10）获得的包络曲线，未将轴力 $P < 500\text{kN}$ 的数据点包络进去（这个影响可忽略不计）；而当 P 足够大时，按式（3.10）确定的包络曲线，则高于各数据点，可实现 100% 保证率的要求。

值得说明的是图 3.13 和图 3.14 中，在轴力 P 接近 5000kN 时，已经开始有应变片的应变值高于 Q420 材质的屈服点应变 ε_y 了，即已不能按式（3.9）计算支座的转动刚度。而在实际各大角钢试件的最高极限承载力预估值约为 7000kN。因此，采用式（3.10）计算出轴力 P=7000kN 时的支座转动刚度 R_a 及 R_b，作为加载设备支座转动刚度的取值，进行各试件计算长度系数的修正。即有

R_a =5065.85 kN · m；　R_b =541.53 kN · m。

3.4.2　各轴压试件计算长度系数取值

根据上述计算得出的支座转动刚度 R_a 及 R_b，利用第 2 章获得的两端弹簧铰约束下轴压杆的屈曲方程［式（2.27）］，采用割线迭代法（详见 2.2.4 节）对各试件的计算长度系数进行数值求解。

经过修正后的各试件计算长度系数 μ 值，汇总于表 3.4。

表 3.4　各轴压试件实际计算长度系数 μ 值取值表

截面规格	名义长细比 λ_0				
	35	40	45	50	55
L220×20	0.8643	0.8499	0.8371	0.8256	0.8152
L220×22	0.8719	0.8579	0.8453	0.8340	0.8236
L220×26	0.8840	0.8706	0.8585	0.8474	0.8373
L250×26	0.9030	0.8913	0.8804	0.8720	0.8611
L250×28	0.9077	0.8979	0.8858	0.8760	0.8669
L250×30	0.9120	0.9009	0.8907	0.8811	0.8722

通过表 3.4，可进一步计算出各个试件经修正调整后的长细比 λ，如表 3.5 所示。

值得说明的是，根据 3.2 节试件初始几何尺寸的测量结果可知，具有相同名义几何尺寸的各试件，其实际几何尺寸亦十分接近，这就意味着这样的 3 根试件具有十分相近的线刚度 i。因此，对于具有相同名义几何尺寸的 3 根大角钢轴压试件，本书的后续研究中将考虑其具有相同的计算长度系数 μ 及修正长细比 λ，如表 3.4 及表 3.5 所示。

表 3.5　各轴压试件实际计算长细比 λ

截面规格	名义长细比 λ_0				
	35	40	45	50	55
L220×20	30.25	34.00	37.67	41.28	44.84
L220×22	30.52	34.32	38.04	41.70	45.30
L220×26	30.94	34.82	38.63	42.37	46.05
L250×26	31.61	35.65	39.62	43.60	47.36
L250×28	31.77	35.92	39.86	43.80	47.68
L250×30	31.92	36.04	40.08	44.06	47.97

3.5　小　　结

本章进行了材性试验，并对各试件的实际截面尺寸、初始变形进行了测量，得到了后续分析的基础数据，同时对加载设备中的支座转动刚度进行了测算，获得了支座的转动刚度，进一步计算出了各轴压试件的计算长度系数，并进一步得到了各试件的修正长细比，为后续分析做好了基础。本章主要得到如下结论。

1）Q420 材质的实测屈服强度 f_y，明显大于现行规范中给出的名义值，试件的屈服强度较高。材料强度等级符合国家标准。

2）本试验中各试件的 Q420 材质的屈服平台均较短。

3）本试验所用各轴压试件，均为正公差，即其实测截面尺寸均大于名义值。

4）各试件的初变形较小，小于国内外各规范中给出的 1/1000 杆长的限值。

5）对加载设备中，轴压试件的上下支座转动刚度 R_a、R_b 进行了测量，并进一步获得了各试件的实际计算长度系数。

6）利用各试件的实际计算长度系数，确定了各试件的实际长细比，为后续研究提供了数据基础。

第 4 章　高强度大规格角钢的轴压试验研究

4.1　引　　言

　　轴压试验，是研究构件承载能力的常用方法和必备手段。通过对有代表性的构件进行轴压试验，可以准确把握此类构件的极限承载能力、失稳形态以及失稳时构件截面应力的变化规律等力学性能，可为后续有限元数值分析提供有效性验证依据。

　　本章首先对试验装置、测量内容、加载方案以及轴压试验结果进行详细描述，记录 90 根试件的试验过程和试验现象。随后又将轴压承载力试验结果与多国规范进行多层次的对比分析。最后，针对大角钢的失稳模态，从截面角度分析其超强承载力的来源。

4.2　试　验　装　置

　　采用武汉大学试验大厅的双柱加载机，对大角钢试件进行轴压加载试验。如图 4.1 所示为加载装置的图解，而图 4.2 则为实际加载装置的照片。由图中可以看出，加载机中的施力端为液压千斤顶，位于试件底部；而顶部则由可调节高度的上支座提供轴向位移约束。

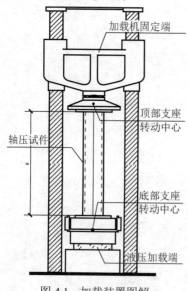

图 4.1　加载装置图解

图 4.2　加载装置照片

考虑加载设备支座转动刚度，对每根试件计算长度系数 μ、长细比 λ 的修正，见 3.4.2 节。

各试件端部均铣平，并在加载机的端板与试件端面之间，设置 36mm 厚的垫板，使设备加载端面、垫板、试件端面三者完全抵紧。在角钢端面垫板上点焊耳板，以限制角钢端部水平位移自由度，如图 4.3 所示。

为后文描述方便，现对大角钢试件进行如下定位约定。

1）沿大角钢试件纵轴方向，随机确定上端与下端。进行加载试验时，大角钢试件上端与压力机上加载面顶紧，试件下端与压力机下加载面顶紧。

2）大角钢截面开口方向约定为前方，背离截面开口方向约定为后方。

3）俯视试件方向，开口方向逆时针旋转 90° 为左方，开口方向顺时针旋转 90° 为右方，如图 4.4 所示。

4）俯视试件方向，对大角钢截面 6 个边缘点进行编号，编号如图 4.4 所示。

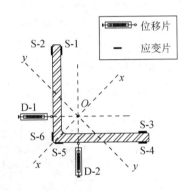

图 4.3　试件端部垫板与耳板　　　　图 4.4　试件中部截面位移及应变测点

4.3　量测内容及测点布置

在加载试验中，应对试件在轴力 P 作用下的变形、截面应力分布进行测量。每根大角钢轴压试件设置 4 处位移计，测量相应位移。其中：

1）位移计 D-1 及 D-2，沿水平方向，指向试件中部截面形心位置，用以测量大角钢试件的水平位移（图 4.5）。

2）位移计 D-3 及 D-4，沿铅垂方向，用以监测大角钢试件的轴向压缩。

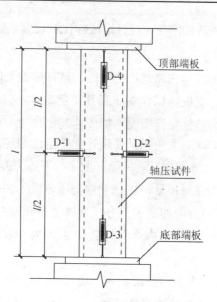

图 4.5　位移测点设置图

　　在每根大角钢试件的中部截面，在截面的肢尖、肢背边缘处，设置应变片，用以测量各试件中部截面的应力分布。采用 DH3815N 应变箱，进行应变数据测量与采集。每根试件共计 S-1～S-6 六处应变测点。如图 4.6 所示，即为位移计 D-1 及 D-2、应变片 S-2 及 S-4～S-6 的现场照片。

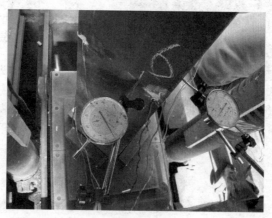

图 4.6　测点现场照片

　　采用这样的设置，可使位移测点测出大角钢试件中部截面形心，在轴压荷载 P 作用下两垂直方向的水平位移，进而求解出水平位移的幅值与方向；同时，可利用应变测点测出大角钢试件中部截面边缘的最大应力，进而在弹性阶段，利用平截面假定，获得中部截面在轴力 P 作用下的应力分布。

4.4　加 载 方 案

4.4.1　试件对中

在对每根大角钢试件进行正式加载前，应对各试件进行对中工作[84]，使试件达到轴心受压状态。对中分为初对中、精对中两步进行。

（1）试件的初对中

采用几何方法进行试件的初对中。即在加载机端板上定位出大角钢试件的形心线及轴线，将大角钢试件沿轴线对齐放置，使大角钢试件形心、加载机加力线重合，以完成试件的初对中。

（2）试件的精对中

如前文所述，由于大角钢试件出厂公差的影响，按照试件几何信息进行定位，并不能保证试件的质心线与试验机的加载中心线重合。

为使试件更为接近理想轴压状态，采用对试件进行预加载的方法进行精确对中。具体的对中有以下几个步骤

1）预加载。考虑到残余应力的存在，使用试验机将轴向荷载缓慢增至试件预计极限荷载的 1/5 左右即停止。此时，整个大角钢试件处于弹性状态，不会出现塑性区。

2）对各个测点的应变值进行采样。应变与测点的应力具有对应关系，由各个测点应变的大小相对关系，可以确定试件截面弯矩的方向，即加载中心线相对于试件截面上的偏心方向。

3）确定偏心方向后，缓慢卸掉施加于试件上的荷载。使用铁锤轻敲底部垫板及大角钢试件，修正试件位置，以逐步减小偏心。调整完成后，继续进行预加载，开展下一次的精对中工作。

4）重复进行 1）～3）的加载、采样、卸载、调整工作，直到试件各个测点应变之间的差值减小到5%以内时，说明试件对中情况良好，满足加载条件。此时可以缓慢卸载，准备下一步的试验工作。

在对中符合要求后，将施加于试件上的荷载卸至 10kN 左右即可，以避免完全卸载后试件出现晃动。

4.4.2　加载制度

采用逐级加载的方法，对各个大角钢轴压试件进行加载[85]。对每一根大角钢试件，均在加载前对其极限承载力 P_u 进行预估，然后根据预估的试件极限轴压承载力 P_u，来确定每根试件加载的级数，以及每级的加载值。

实际加载中，具体的加载过程，如表 4.1 所示的方法来实施。

表 4.1　逐级加载方案

荷载区间/kN	荷载增量/kN
$0\sim2000$	200
$2000\sim0.8\,P_u$	100
$>0.8\,P_u$	50

在每级荷载施加完毕后，采用应变箱 DH3815N 采集记录各应变测点的应变数据；同时，读取、记录各位移测点的位移值。在各级荷载下的数据采集、记录完毕后，再开始进行下一级荷载的施加。

4.4.3　极限荷载的判定

图 4.7　钢材表面"起皮"

当荷载增至试件的极限荷载时，会伴随着钢材的屈服。当加载过程中出现如下现象时，意味着试件中产生了塑性区，即将到达其承载力极限状态，发生失稳破坏。

1）试件表面的铁锈会因钢材应变过大而剥落，并发出密密麻麻的响声。铁锈剥落如图 4.7 和图 4.8 所示。

2）位移表的指针难以稳定。即使停止增加荷载，位移表的指针仍持续不断地变化。

3）应变采集测点出现过大的应变或溢出。

4）试件产生肉眼可见的明显变形。

5）加载机显示荷载卸载。

施加荷载时，应减缓加载速率，密切注意各个测量数据的变化，并注意现场的安全。当加载试验机的荷载读数发生回落时，意味着试件已然失稳。此时，立即停止加载，进行照片采集。之后缓慢卸去荷载，小心移开角钢试件，清理场地，准备下一根大角钢试件的就位与对中工作。

图 4.8　位仪表盘上剥落的铁屑

在此过程中，试验机表盘中荷载读数的最大值，即为试验实测的大角钢试件的极限承载力 P_u。

4.5　轴压试验结果

对 90 根大角钢进行了轴压加载试验，获得了各个试件的极限承载力、失稳形态等试验结果，为后续分析奠定了基础数据，也为后续有限元数值分析提供了有效性验证的试验数据。

4.5.1　大角钢轴压试件的极限承载力

通过第 3.2 节的材性试验可知，对于具有相同截面规格的大角钢轴压试件，其材质特征是十分接近的；而对于具有不同截面规格的大角钢轴压试件，其材质特征则有明显区别。同时，考虑到本章试验的试件较多（共 90 根），因此本章在对各大角钢轴压试件的试验极限承载力进行统计时，将根据不同截面规格进行分类，然后进行汇总分析。

1. L220×20 截面规格的大角钢轴压试件

对 L220×20 截面规格轴压试件的极限承载力 P_u 试验值进行了统计，并计算出了具有相同名义几何尺寸的 3 根试件的极限承载力平均值 P_{uave}，列于表 4.2。

表 4.2 L220×20 截面试件试验承载力统计结果

试件编号	名义长细比 λ_0	修正长细比 λ	极限承载力 P_u /kN	平均承载力 P_{uave} /kN
L220×20-35-1			4080	
L220×20-35-2	35	30.25	3570	3930
L220×20-35-3			4140	
L220×20-40-1			4000	
L220×20-40-2	40	34.00	3610	3890
L220×20-40-3			4060	
L220×20-45-1			3835	
L220×20-45-2	45	37.67	4010	3975
L220×20-45-3			4080	
L220×20-50-1			3550	
L220×20-50-2	50	41.28	3280	3447
L220×20-50-3			3510	
L220×20-55-1			3570	
L220×20-55-2	55	44.84	3500	3637
L220×20-55-3			3840	

将表 4.2 中具有相同名义几何尺寸的 3 根试件平均极限承载力 P_{uave} 与修正长细比 λ 的关系,采用直方图的形式,列于图 4.9。

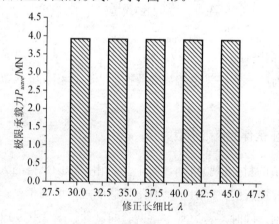

图 4.9 L220×20 截面试件 P_{uave}-λ 直方图

可以看出,与国内外各设计规范中柱子曲线不同,轴压试件的极限承载力 P_u,并不随着长细比 λ 的增长而呈必然下降的趋势。这可能是由于不同试件的初始变形等实际初始缺陷并不一致,当大长细比的试件具有较小初始变形时,可能表现出比初始变形较大的小长细比轴压试件更高的极限承载力。这一点将在后文中进行详细讨论(试件由铁塔厂提供,同规格试件材料的一致性可能较难保障)。

如图 4.10 所示为具有代表性的大角钢轴压试件应变测点的应变随轴力 P 的典型变化规律。图中所示的为试件 L220×20-35-3 的应变变化规律。可以看出：

1）当轴力 P 较小时，各应变测点的应变测量值基本一致。

2）当 P 进一步增大时，角钢截面肢尖（S-1～S-4）、肢背（S-5 和 S-6）的应变开始产生差别，这说明轴压试件跨中截面已经出现了轴力 P 作用下的二阶弯矩 M。

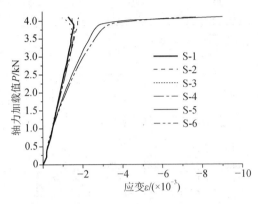

图 4.10　试件 L220×20-35-3 应变数据

3）当 P 接近极限承载力 P_u 时，肢尖、肢背的应变差异进一步扩大。其中肢背的应变已经呈无限增大的状态；而肢尖应变甚至有所回落。应变变化规律呈这种趋势的，将发生绕弱主轴的弯曲失稳（图 4.11）。

图 4.11　试件 L220×20-35-3
失稳形态

2. L220×22 截面规格的大角钢轴压试件

对 L220×22 截面规格轴压试件的极限承载力 P_u 试验值进行了统计，并计算出了具有相同名义几何尺寸的 3 根试件的极限承载力平均值 P_{uave}，列于表 4.3。

表 4.3　L220×22 截面试件试验承载力统计结果

试件编号	名义长细比 λ_0	修正长细比 λ	极限承载力 P_u /kN	平均承载力 P_{uave} /kN
L220×22-35-1			4080	
L220×22-35-2	35	30.52	4090	4087
L220×22-35-3			4090	

续表

试件编号	名义长细比 λ_0	修正长细比 λ	极限承载力 P_u /kN	平均承载力 P_{uave} /kN
L220×22-40-1			4080	
L220×22-40-2	40	34.32	4070	4083
L220×22-40-3			4100	
L220×22-50-1			3930	
L220×22-50-2	50	41.70	3935	3888
L220×22-50-3			3800	
L220×22-55-1			3840	
L220×22-55-2	55	45.30	3770	3763
L220×22-55-3			3680	

将表 4.3 中具有相同名义几何尺寸的 3 根试件平均极限承载力 P_{uave} 与修正长细比 λ 的关系，采用直方图的形式，列于图 4.12。

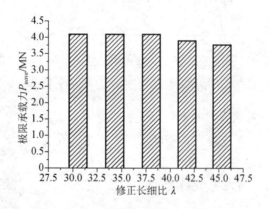

图 4.12　L220×22 截面试件 P_{uave}-λ 直方图

由图 4.12 可以看出，L220×22 截面规格的角钢轴压试件其极限承载力 P_u 与长细比 λ 仍未呈现出明显的柱子曲线规律。这说明初弯曲等初始缺陷的影响，在 L220×22 截面规格的角钢轴压试件亦有体现。

如图 4.13 所示为具有代表性的大角钢轴压试件（L220×22-50-2）应变测点的应变随轴力 P 的典型变化规律。

由图 4.13 可以看出，试件 L220×22-50-2 在轴压荷载 P 的作用下，具有与试件 L220×20-35-3 相同的变化规律。如图 4.14 所示为试件 L220×22-50-2 的失稳形态。可以看出该试件亦为朝向开口方向的绕弱主轴弯曲失稳。

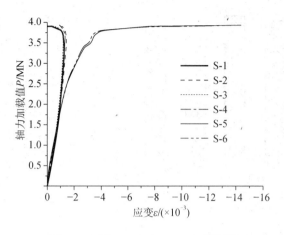

图 4.13　试件 L220×22-50-2 应变数据　　　图 4.14　试件 L220×22-50-2 失稳形态

3. L220×26 截面规格的大角钢轴压试件

对 L220×26 截面规格轴压试件的极限承载力 P_u 试验值进行了统计，并计算出了具有相同名义几何尺寸的 3 根试件的极限承载力平均值 P_{uave}，列于表 4.4。

表 4.4　L220×26 截面试件试验承载力统计结果

试件编号	名义长细比 λ_0	修正长细比 λ	极限承载力 P_u /kN	平均承载力 P_{uave} /kN
L220×26-35-1			4300	
L220×26-35-2	35	30.94	4375	4382
L220×26-35-3			4470	
L220×26-40-1			4510	
L220×26-40-2	40	34.82	4600	4557
L220×26-40-3			4560	
L220×26-45-1			4715	
L220×26-45-2	45	38.63	4740	4718
L220×26-45-3			4700	
L220×26-50-1			4060	
L220×26-50-2	50	42.37	4000	4017
L220×26-50-3			3990	
L220×26-55-1			4500	
L220×26-55-2	55	46.05	4460	4410
L220×26-55-3			4270	

将表 4.4 中，具有相同名义几何尺寸的 3 根试件平均极限承载力 P_{uave} 与修正长细比 λ 的关系，采用直方图的形式，列于图 4.15。

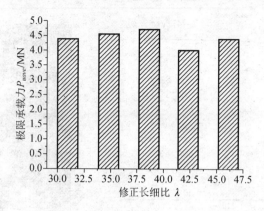

图 4.15　L220×26 截面试件 P_{uave} – λ 直方图

由图 4.15 可以看出，L220×26 截面规格的角钢轴压试件其极限承载力 P_u 与长细比 λ，仍未呈现出明显的柱子曲线规律。这说明初弯曲等初始缺陷的影响，在 L220×26 截面规格的角钢轴压试件亦有体现。

如图 4.16 所示为具有代表性的大角钢轴压试件（L220×26-50-1）应变测点的应变随轴力 P 的典型变化规律。

由图 4.16 可以看出，试件 L220×26-50-1 在轴压荷载 P 的作用下，应变测点 S-5 及 S-6 的应变增长速率要小于应变测点 S-1～S-4,而当荷载 P 接近极限荷载 P_u 时，S-5 及 S-6 的应变开始回落，这说明二阶弯矩的方向使得肢背受拉、肢尖受压。产生这种应力分布的大角钢试件，发生远离开口方向的绕弱主轴弯曲失稳，如图 4.17 所示。

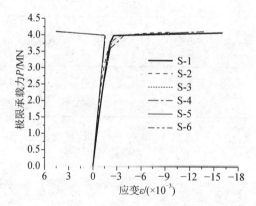

图 4.16　试件 L220×26-50-1 应变数据

图 4.17　试件 L220×26-50-1 失稳形态

4. L250×26 截面规格的大角钢轴压试件

对 L250×26 截面规格轴压试件的极限承载力 P_u 试验值进行了统计，并计算出了具有相同名义几何尺寸的 3 根试件的极限承载力平均值 P_{uave}，列于表 4.5。

表 4.5 L250×26 截面试件试验承载力统计结果

试件编号	名义长细比 λ_0	修正长细比 λ	极限承载力 P_u /kN	平均承载力 P_{uave} /kN
L250×26-35-1			6030	
L250×26-35-2	35	31.61	6010	6010
L250×26-35-3			5989	
L250×26-40-1			5743	
L250×26-40-2	40	35.65	5756	5767
L250×26-40-3			5803	
L250×26-45-1			5555	
L250×26-45-2	45	39.62	5546	5543
L250×26-45-3			5527	
L250×26-50-1			5280	
L250×26-50-2	50	43.60	5216	5341
L250×26-50-3			5527	
L250×26-55-1			5338	
L250×26-55-2	55	47.36	5263	5326
L250×26-55-3			5378	

将表 4.5 中，具有相同名义几何尺寸的 3 根试件平均极限承载力 P_{uave} 与修正长细比 λ 的关系，采用直方图的形式，列于图 4.18。

由图 4.15 可以看出，L250×26 截面规格的角钢轴压试件其极限承载力 P_u 与长细比 λ，呈现出了柱子曲线中 P_u 随着 λ 下降的变化规律；然而，其下降速率，却与现行柱子曲线展现出的规律并不相符。这说明初弯曲等初始缺陷的影响，在 L250×26 截面规格的角钢轴压试件中，仍有体现。

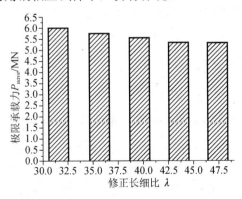

图 4.18 L250×26 截面试件 P_{uave} - λ 直方图

如图 4.19 所示为具有代表性的大角钢轴压试件（L250×26-55-2）应变测点的

应变随轴力 P 的典型变化规律。

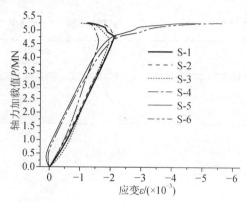

图 4.19　试件 L250×26-55-2 应变数据

由图 4.19 可以看出，试件 L250×26-55-2 在轴压荷载 P 刚开始作用时，各应变测点并没有保持一致，但其变化趋势相同。这是因为在加载初期，应变测点未达到理想平衡；而当轴向压力 P 较大时，各应变测点的变化，仍能反映出大角钢轴压试件的受力特点。

可以看出，应变测点 S-5 及 S-6 的应变增长速率要明显快于应变测点 S-1～S-4，而当荷载 P 接近极限荷载 P_u 时，S-1～S-4 的应变开始回落，这说明二阶弯矩的方向使得肢背受压、肢尖受拉。产生这种应力分布的大角钢试件，发生朝向开口方向的绕弱主轴弯曲失稳，如图 4.20 所示。

图 4.20　试件 L250×26-55-2 失稳形态

5. L250×28 截面规格的大角钢轴压试件

对 L250×28 截面规格轴压试件的极限承载力 P_u 试验值进行了统计，并计算出了具有相同名义几何尺寸的 3 根试件的极限承载力平均值 P_{uave}，列于表 4.6。

表 4.6　L250×28 截面试件试验承载力统计结果

试件编号	名义长细比 λ_0	修正长细比 λ	极限承载力 P_u /kN	平均承载力 P_{uave} /kN
L250×28-35-1			6205	
L250×28-35-2	35	31.77	6220	6229
L250×28-35-3			6263	

试件编号	名义长细比 λ_0	修正长细比 λ	极限承载力 P_u /kN	平均承载力 P_{uave} /kN
L250×28-40-1			6330	
L250×28-40-2	40	35.92	6016	6197
L250×28-40-3			6246	
L250×28-45-1			5812	
L250×28-45-2	45	39.86	5655	5777
L250×28-45-3			5865	
L250×28-50-1			5597	
L250×28-50-2	50	43.80	5938	5793
L250×28-50-3			5843	
L250×28-55-1			5626	
L250×28-55-2	55	47.68	5844	5803
L250×28-55-3			5940	

将表 4.6 中，具有相同名义几何尺寸的 3 根试件平均极限承载力 P_{uave} 与修正长细比 λ 的关系，采用直方图的形式，列于图 4.21。

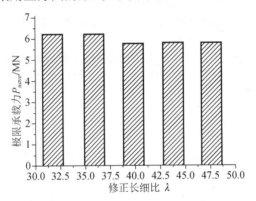

图 4.21　L250×28 截面试件 P_{uave} - λ 直方图

由图 4.21 可以看出，L250×28 截面规格的角钢轴压试件其极限承载力 P_u 与长细比 λ 的相关关系，与现行柱子曲线展现出的规律并不相符。这说明初弯曲等初始缺陷的影响，在 L250×28 截面规格的角钢轴压试件中，仍有体现。

如图 4.22 所示为具有代表性的大角钢轴压试件（L250×28-50-2）应变测点的应变随轴力 P 的典型变化规律。

由图 4.22 可以看出，试件 L250×28-50-2 在轴压荷载 P 的作用下，应变测点 S-5 及 S-6 的应变增长速率要明显快于应变测点 S-1~S-4，而当荷载 P 接近极限荷载 P_u 时，S-5 及 S-6 的应变开始回落，这说明二阶弯矩的方向使得肢背受压、肢尖受拉。产生这种应力分布的大角钢试件，发生朝向开口方向的绕弱主轴弯曲失稳,如图 4.23 所示。

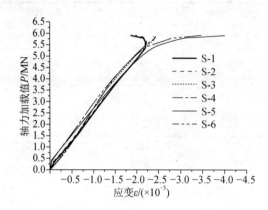

图 4.22　试件 L250×28-50-2 应变数据　　　图 4.23　试件 L250×28-50-2 失稳形态

6. L250×30 截面规格的大角钢轴压试件

对 L250×30 截面规格轴压试件的极限承载力 P_u 试验值进行了统计,并计算出了具有相同名义几何尺寸的 3 根试件的极限承载力平均值 P_{uave},列于表 4.7。

表 4.7　L250×30 截面试件试验承载力统计结果

试件编号	名义长细比 λ_0	修正长细比 λ	极限承载力 P_u /kN	平均承载力 P_{uave} /kN
L250×30-35-1			6102	
L250×30-35-2	35	31.92	6355	6326
L250×30-35-3			6522	
L250×30-40-1			6362	
L250×30-40-2	40	36.04	6048	6060
L250×30-40-3			5769	
L250×30-45-1			5864	
L250×30-45-2	45	40.08	5522	5891
L250×30-45-3			6287	
L250×30-50-1			5984	
L250×30-50-2	50	44.06	6384	6072
L250×30-50-3			5848	
L250×30-55-1			5800	
L250×30-55-2	55	47.97	5236	5453
L250×30-55-3			5324	

将表 4.7 中,具有相同名义几何尺寸的 3 根试件平均极限承载力 P_{uave} 与修正长细比 λ 的关系,采用直方图的形式,列于图 4.24。

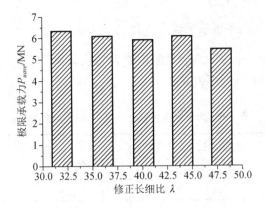

图 4.24　L250×30 截面试件 P_{uave} - λ 直方图

由图 4.24 可以看出，L250×30 截面规格的角钢轴压试件其极限承载力 P_u 与长细比 λ 的相关关系，与现行柱子曲线展现出的规律并不相符。这说明初弯曲等初始缺陷的影响，在 L250×30 截面规格的角钢轴压试件中，仍有体现。

如图 4.25 所示为具有代表性的大角钢轴压试件（L250×30-55-2）应变测点的应变随轴力 P 的典型变化规律。

由图 4.25 可以看出，试件 L250×28-50-2 在轴压荷载 P 的作用下，应变测点 S-5 及 S-6 的应变增长速率要明显快于应变测点 S-1～S-4，而当荷载 P 接近极限荷载 P_u 时，S-5 及 S-6 的应变开始回落，这说明二阶弯矩的方向使得肢背受压、肢尖受拉。产生这种应力分布的大角钢试件，发生朝向开口方向的绕弱主轴弯曲失稳，如图 4.26 所示。

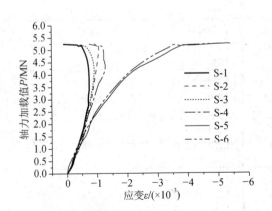

图 4.25　试件 L250×30-55-2 应变数据　　　　图 4.26　试件 L250×30-55-2 失稳形态

7. 大角钢轴压试件极限承载力 P_u 汇总

将各试件的轴压极限承载力试验值 P_u 及各具有相同名义几何尺寸的 3 根试件承载力平均值 P_{uave} 汇总列于表 4.8 中。

表 4.8　大角钢试件轴压承载力试验值统计结果

试件编号	λ	P_u /kN	P_{uave} /kN	试件编号	λ	P_u /kN	P_{uave} /kN
L220×20-35-1		4080		L220×26-45-1		4715	
L220×20-35-2	30.25	3570	3930	L220×26-45-2	38.63	4740	4718
L220×20-35-3		4140		L220×26-45-3		4700	
L220×20-40-1		4000		L220×26-50-1		4060	
L220×20-40-2	34.00	3610	3890	L220×26-50-2	42.37	4000	4017
L220×20-40-3		4060		L220×26-50-3		3990	
L220×20-45-1		3835		L220×26-55-1		4500	
L220×20-45-2	37.67	4010	3975	L220×26-55-2	46.05	4460	4410
L220×20-45-3		4080		L220×26-55-3		4270	
L220×20-50-1		3550		L250×26-35-1		6030	
L220×20-50-2	41.28	3280	3447	L250×26-35-2	31.61	6010	6010
L220×20-50-3		3510		L250×26-35-3		5989	
L220×20-55-1		3570		L250×26-40-1		5743	
L220×20-55-2	44.84	3500	3637	L250×26-40-2	35.65	5756	5767
L220×20-55-3		3840		L250×26-40-3		5803	
L220×22-35-1		4080		L250×26-45-1		5555	
L220×22-35-2	30.52	4090	4087	L250×26-45-2	39.62	5546	5543
L220×22-35-3		4090		L250×26-45-3		5527	
L220×22-40-1		4080		L250×26-50-1		5280	
L220×22-40-2	34.32	4070	4083	L250×26-50-2	43.60	5216	5341
L220×22-40-3		4100		L250×26-50-3		5527	
L220×22-45-1		4090		L250×26-55-1		5338	
L220×22-45-2	38.04	4090	4103	L250×26-55-2	47.36	5263	5326
L220×22-45-3		4130		L250×26-55-3		5378	
L220×22-50-1		3930		L250×28-35-1		6205	
L220×22-50-2	41.70	3935	3888	L250×28-35-2	31.77	6220	6229
L220×22-50-3		3800		L250×28-35-3		6263	
L220×22-55-1		3840		L250×28-40-1		6330	
L220×22-55-2	45.30	3770	3763	L250×28-40-2	35.92	6016	6197
L220×22-55-3		3680		L250×28-40-3		6246	
L220×26-35-1		4300		L250×28-45-1		5812	
L220×26-35-2	30.94	4375	4382	L250×28-45-2	39.86	5655	5777
L220×26-35-3		4470		L250×28-45-3		5865	
L220×26-40-1		4510		L250×28-50-1		5597	
L220×26-40-2	34.82	4600	4557	L250×28-50-2	43.80	5938	5793
L220×26-40-3		4560		L250×28-50-3		5843	

续表

试件编号	λ	P_u /kN	P_{uave} /kN	试件编号	λ	P_u /kN	P_{uave} /kN
L250×28-55-1		5626		L250×30-45-1		5864	
L250×28-55-2	47.68	5844	5803	L250×30-45-2	40.08	5522	5891
L250×28-55-3		5940		L250×30-45-3		6287	
L250×30-35-1		6102		L250×30-50-1		5984	
L250×30-35-2	31.92	6355	6326	L250×30-50-2	44.06	6384	6072
L250×30-35-3		6522		L250×30-50-3		5848	
L250×30-40-1		6362		L250×30-55-1		5800	
L250×30-40-2	36.04	6048	6060	L250×30-55-2	47.97	5236	5453
L250×30-40-3		5769		L250×30-55-3		5324	

由表 4.8 中列出的各试件轴压极限承载力试验值 P_u 可以看出，90 根大角钢试件的 P_u 值并未明显呈现出现行国内外各规范中柱子曲线所反映的变化趋势，这是由于各试件的初始缺陷并不具备一致性。因此，需进行进一步的有限元数值分析，以在同一初始缺陷标准的前提下，对大角钢的极限轴压稳定承载力进行研究，并进而获得其承载力的计算方法。

4.5.2　大角钢轴压试件的整体失稳形态

在加载试验的过程中，对每个大角钢轴压试件的失稳形态均进行了记录统计。大角钢轴压试件的整体失稳形态分为弯曲失稳、弯扭失稳两大类，各试件的失稳形态列于表 4.9。

表 4.9　大角钢试件整体失稳形态统计结果

试件编号	整体失稳形态	试件编号	整体失稳形态	试件编号	整体失稳形态
L220×20-35-1	F	L220×22-35-1	F-T	L220×26-35-1	F
L220×20-35-2	F	L220×22-35-2	F-T	L220×26-35-2	F
L220×20-35-3	F	L220×22-35-3	F	L220×26-35-3	F
L220×20-40-1	F	L220×22-40-1	F	L220×26-40-1	F
L220×20-40-2	F	L220×22-40-2	F	L220×26-40-2	F
L220×20-40-3	F-T	L220×22-40-3	F	L220×26-40-3	F
L220×20-45-1	F-T	L220×22-45-1	F	L220×26-45-1	F
L220×20-45-2	F	L220×22-45-2	F	L220×26-45-2	F
L220×20-45-3	F	L220×22-45-3	F	L220×26-45-3	F
L220×20-50-1	F	L220×22-50-1	F	L220×26-35-1	F
L220×20-50-2	F	L220×22-50-2	F	L220×26-35-2	F
L220×20-50-3	F	L220×22-50-3	F-T	L220×26-35-3	F
L220×20-55-1	F	L220×22-55-1	F	L220×26-40-1	F
L220×20-55-2	F	L220×22-55-2	F	L220×26-40-2	F
L220×20-55-3	F	L220×22-55-3	F	L220×26-40-3	F

续表

试件编号	整体失稳形态	试件编号	整体失稳形态	试件编号	整体失稳形态
L250×26-35-1	F	L250×28-35-1	F	L250×30-35-1	F
L250×26-35-2	F-T	L250×28-35-2	F	L250×30-35-2	F
L250×26-35-3	F	L250×28-35-3	F	L250×30-35-3	F
L250×26-40-1	F	L250×28-40-1	F	L250×30-40-1	F
L250×26-40-2	F	L250×28-40-2	F	L250×30-40-2	F
L250×26-40-3	F	L250×28-40-3	F	L250×30-40-3	F
L250×26-45-1	F	L250×28-45-1	F	L250×30-45-1	F
L250×26-45-2	F-T	L250×28-45-2	F	L250×30-45-2	F
L250×26-45-3	F-T	L250×28-45-3	F	L250×30-45-3	F
L250×26-50-1	F	L250×28-50-1	F	L250×30-50-1	F
L250×26-50-2	F	L250×28-50-2	F	L250×30-50-2	F
L250×26-50-3	F-T	L250×28-50-3	F	L250×30-50-3	F
L250×26-55-1	F	L250×28-55-1	F	L250×30-55-1	F
L250×26-55-2	F	L250×28-55-2	F	L250×30-55-2	F
L250×26-55-3	F	L250×28-55-3	F	L250×30-55-3	F

表中，符号"F"表示试件的失稳形态为弯曲失稳（flexural buckling）；符号"F-T"表示试件的失稳形态为弯扭失稳（flexural – torsional buckling）。由表 4.9 可以统计得出，90%的大角钢试件的失稳形态为弯曲失稳，仅 10%的试件的失稳形态为弯扭失稳，即大部分大角钢试件的失稳形态为弯曲失稳。

从表 4.9 还可以看出，试件发生何种整体失稳形式，与试件的长细比并无明显规律。

如图 4.27～图 4.30 所示为发生弯曲失稳的试件 L250×26-55-2 及 L250×30-55-2 位移测点位移测量值在轴力 P 作用下的变化曲线以及失稳形态照片。这 2 根试件，代表了弯曲失稳的两类典型情况。可以看出，在发生弯曲失稳的试件中，2 个指向中部截面形心的位移测点 D-1 及 D-2 的变化规律十分接近，在试件失稳前，两

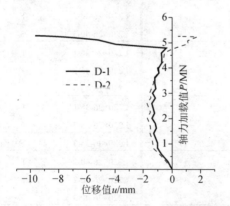

图 4.27　试件 L250×26-55-2 荷载位移曲线

图 4.28　试件 L250×26-55-2 失稳形态

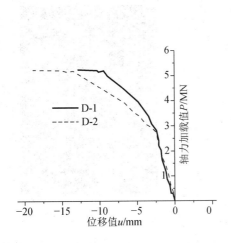

图 4.29　试件 L250×30-55-2 荷载位移曲线　　　图 4.30　试件 L250×30-55-2 失稳形态

个测点的位移值基本保持一致，仅当荷载 P 较大后才产生差别（图 4.29），或在试件失稳后产生分化（图 4.27）。各产生弯曲失稳的试件，其位移测点 D-1 及 D-2 的测量值均符合图 4.27 或图 4.29 显示的变化规律。

　　如图 4.31～图 4.34 所示为发生弯扭失稳的试件 L220×20-45-1 及 L250×22-50-3 位移测点位移测量值在轴力 P 作用下的变化曲线，代表了弯扭失稳的典型荷载——位移曲线。可以看出，在发生弯扭失稳的试件中，2 个指向中部截面形心的位移测点 D-1 及 D-2 的变化规律在加载初期就差别明显，如试件 L220×20-45-1 的两个位移测点的监测数据相差较大，而其中测点 D-2 在荷载较大时甚至出现了反向变化（图 4.31）；试件 L220×22-50-3 的两个应变测点在加载伊始便呈反向变化规律（图 4.33）。各产生弯扭失稳的试件，其位移测点 D-1 及 D-2 的测量值均符合图 4.31 或图 4.33 所显示的变化规律。

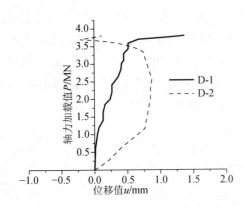

图 4.31　试件 L220×20-45-1 荷载位移曲线　　　图 4.32　试件 L220×20-45-1 失稳形态

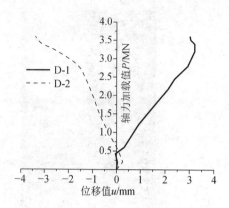
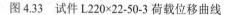

图 4.33　试件 L220×22-50-3 荷载位移曲线　　　图 4.34　试件 L220×22-50-3 失稳形态

同时，由图 4.32 及图 4.34 还可以看出，对于发生弯扭失稳的各试件，其扭转变形分量并不十分明显，仅凭肉眼往往难以分辨该试件的失稳形态为弯曲失稳还是弯扭失稳，而必须结合试件中部截面位移测点 D-1 及 D-2 的数值变化规律，才可对试件的失稳形态进行区分。这一现象表明，各高强度大规格角钢试件具有很强的抗扭刚度，大角钢的抗扭能力较强，这也进一步印证了本试验大角钢试件的整体失稳形态以弯曲失稳为主的结论。

4.5.3　大角钢轴压试件的局部稳定

通过对 90 根大角钢轴压试件的试验现象进行记录与统计，发现在本试验中，各大角钢试件在整体失稳发生前，均未出现局部失稳；仅个别试件在轴向压力达到极限承载力 P_u 后，出现局部失稳的现象。这说明本试验中各试件的局部稳定性能较好。

轴压试件的局部稳定，是研究轴压构件整体稳定承载力时不得不考虑的问题。国内外现行各设计规范对轴压试件局部稳定性的保证，是通过控制试件的宽厚比来进行的。其中，不同规范中，对角钢压杆宽厚比的定义、宽厚比限值的规定，并不相同，现对我国钢结构设计规范（GB 50017—2003）[12]，美国 AISC 推荐规范 ANSI/AISC 360-10[13]、美国 ASCE 推荐规范 ASCE 10—97[14]、欧洲钢结构协会推荐规范 Eurocode 3[15]中对角钢压杆宽厚比限值进行介绍，并对本试验中各大角钢试件的宽厚比进行分析。

如图 4.35 和图 4.36 所示分别为定义角钢截面宽厚比的两种方式，及采用角肢自由悬伸长度 w 或角肢总长度 b 作为试件宽度，进行截面宽厚比的计算。其中，采用前者的规范有我国钢结构设计规范 GB 50017—2003[86]、美国 ASCE 10—97；采用后者的设计规范包括美国 ANSC/AISC 360-10、欧洲 Eurocode 3。

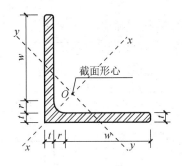

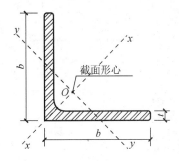

图 4.35　宽厚比（w/t）　　　　　　　图 4.36　宽厚比（b/t）

（1）我国钢结构设计规范（GB 50017—2003）

我国钢结构设计规范中，为保证轴压构件的局部稳定，对角钢轴压构件的宽厚比限值规定为

$$\left(\frac{w}{t}\right)_{\text{lim}} = (10 + 0.1\lambda)\sqrt{\frac{235}{f_y}} \tag{4.1}$$

式中：λ 为压杆的长细比，取值范围为 30～100；f_y 为钢材屈服强度。

（2）ANSI/AISC 360-10

美国 AISC 推荐规范中，采用角钢角肢总长 b，作为计算截面宽厚比的角钢宽度取值，并使宽厚比满足

$$\left(\frac{b}{t}\right)_{\text{lim}} = 0.45\sqrt{\frac{E}{f_y}} \tag{4.2}$$

式中：E 为钢材弹性模量。

（3）ASCE 10—97

美国 ASCE 推荐规范中，采用角肢自由悬伸长度 w 作为计算宽厚比的依据，并使宽厚比满足

$$\left(\frac{w}{t}\right)_{\text{lim}} = \frac{80\psi}{\sqrt{f_y}} = \frac{80 \times 2.62}{\sqrt{f_y}} = \frac{209.6}{\sqrt{f_y}} \tag{4.3}$$

（4）Eurocode 3

欧洲钢结构协会推荐规范中，取角肢总长 b 作为计算宽厚比的依据，并使宽厚比满足

$$\left(\frac{b}{t}\right)_{\text{lim}} = 15\varepsilon = 15\sqrt{\frac{235}{f_y}} \tag{4.4}$$

将各截面的宽厚比及其限值列于表 4.10。

表 4.10　不同规范中角钢宽厚比及其限值

截面规格	E /MPa	f_y /MPa	r /mm	GB 50017—2003		ANSI/AISC 360-10		ASCE 10—97		Eurocode 3	
				w/t	$(w/t)_{lim}$	b/t	$(b/t)_{lim}$	w/t	$(w/t)_{lim}$	b/t	$(b/t)_{lim}$
L220×20	$2.03×10^5$	410		9.0	10.2	11.0	10.0	9.0	10.4	11.0	11.4
L220×22	$2.07×10^5$	430	21	8.0	10.0	10.0	9.9	8.0	10.1	10.0	11.1
L220×26	$2.11×10^5$	436		6.7	9.9	8.5	9.9	6.7	10.0	8.5	11.0
L250×26	$2.11×10^5$	430		7.7	10.0	9.6	10.0	7.7	10.1	9.6	11.1
L250×28	$2.12×10^5$	465	24	7.1	9.6	8.9	9.6	7.1	9.7	8.9	10.7
L250×30	$2.08×10^5$	453		6.5	9.7	8.3	9.6	6.5	9.8	8.3	10.8

由表 4.10 可以看出，本试验中，除截面规格为 L220×20 和 L220×22 的试件宽厚比（b/t）略微超过了美国 ANSI/AISC 360-10 中给出的限值，其余各试件的宽厚比均小于国内外各规范中的宽厚比限值。较小的宽厚比，意味着高强轴压角钢构件的局部稳定性较好[87,88]。这与各试件在整体失稳前未发生局部失稳的试验现象是相一致的。

4.6　轴压承载力试验结果分析

4.6.1　轴压稳定系数试验值 φ_t 的分析

为大角钢的轴压力学性能进行更为精确的研究，本章对各试件的极限稳定承载力进行无量纲化[89~91]，即按式（4.5）求解出各试件的稳定系数的试验值 φ_t。

$$\varphi_t = \frac{P_u}{A \cdot f_y} \qquad (4.5)$$

式中：A 为各试件的实测截面面积；f_y 为实测钢材的屈服强度。

无量纲化后，各试件的稳定系数试验值 φ_t 及具有相同名义几何尺寸的 3 根试件稳定系数试验值的平均值 φ_{tave}，均汇总列于表 4.11。

表 4.11　大角钢轴压试件稳定系数试验值汇总表

试件编号	λ	φ_t	φ_{tave}	试件编号	λ	φ_t	φ_{tave}
L220×20-35-1		1.147		L220×20-45-1		1.078	
L220×20-35-2	30.25	1.004	1.105	L220×20-45-2	37.67	1.127	1.117
L220×20-35-3		1.164		L220×20-45-3		1.147	
L220×20-40-1		1.125		L220×20-50-1		0.998	
L220×20-40-2	34.00	1.015	1.094	L220×20-50-2	41.28	0.922	0.969
L220×20-40-3		1.142		L220×20-50-3		0.987	

试件编号	λ	φ_t	φ_{tave}	试件编号	λ	φ_t	φ_{tave}
L220×20-55-1		1.004		L250×26-45-1		1.076	
L220×20-55-2	44.84	0.984	1.023	L250×26-45-2	39.62	1.044	1.056
L220×20-55-3		1.080		L250×26-45-3		1.048	
L220×22-35-1		0.987		L250×26-50-1		0.960	
L220×22-35-2	30.52	0.989	0.988	L250×26-50-2	43.60	1.028	0.965
L220×22-35-3		0.989		L250×26-50-3		0.907	
L220×22-40-1		0.987		L250×26-55-1		0.926	
L220×22-40-2	34.32	0.984	0.987	L250×26-55-2	47.36	1.052	0.960
L220×22-40-3		0.991		L250×26-55-3		0.901	
L220×22-45-1		0.989		L250×28-35-1		0.916	
L220×22-45-2	38.04	0.989	0.992	L250×28-35-2	31.77	0.887	0.931
L220×22-45-3		0.999		L250×28-35-3		0.991	
L220×22-50-1		0.950		L250×28-40-1		0.923	
L220×22-50-2	41.70	0.952	0.940	L250×28-40-2	35.92	0.922	0.922
L220×22-50-3		0.919		L250×28-40-3		0.922	
L220×22-55-1		0.929		L250×28-45-1		1.058	
L220×22-55-2	45.30	0.912	0.910	L250×28-45-2	39.86	1.040	1.019
L220×22-55-3		0.890		L250×28-45-3		0.959	
L220×26-35-1		0.889		L250×28-50-1		0.964	
L220×26-35-2	30.94	0.905	0.906	L250×28-50-2	43.80	1.059	1.007
L220×26-35-3		0.925		L250×28-50-3		0.997	
L220×26-40-1		0.933		L250×28-55-1		1.064	
L220×26-40-2	34.82	0.952	0.943	L250×28-55-2	47.68	1.005	0.986
L220×26-40-3		0.944		L250×28-55-3		0.888	
L220×26-45-1		0.975		L250×30-35-1		0.967	
L220×26-45-2	38.63	0.981	0.976	L250×30-35-2	31.92	1.069	0.982
L220×26-45-3		0.972		L250×30-35-3		0.911	
L220×26-50-1		0.840		L250×30-40-1		0.929	
L220×26-50-2	42.37	0.828	0.831	L250×30-40-2	36.04	1.033	1.010
L220×26-50-3		0.825		L250×30-40-3		1.067	
L220×26-55-1		0.931		L250×30-45-1		1.051	
L220×26-55-2	46.05	0.923	0.912	L250×30-45-2	40.08	1.085	1.008
L220×26-55-3		0.883		L250×30-45-3		0.888	
L250×26-35-1		0.980		L250×30-50-1		0.891	
L250×26-35-2	31.61	1.012	0.991	L250×30-50-2	44.06	1.082	0.959
L250×26-35-3		0.980		L250×30-50-3		0.903	
L250×26-40-1		0.962		L250×30-55-1		0.910	
L250×26-40-2	35.65	0.968	0.961	L250×30-55-2	47.97	0.940	0.920
L250×26-40-3		0.954		L250×30-55-3		0.911	

　　由表 4.11 可以看出，在本章轴压试验中，存在较多稳定系数 φ_t>1.0 的试件。这是由于，本章试验中各 Q420 大角钢轴压试件，其材质应力-应变曲线中，屈服

平台很短（图 3.4），这就意味着，材质应力在达到屈服强度 f_y 后，不会经历较长的屈服过程，而进入强化阶段，使得压杆应力 σ 得以进一步增大，从而提高试件的轴压承载力。因此，对于本章试验中弹塑性失稳的大角钢轴压试件，在其达到承载力极限状态时，截面内部将存在应力 $\sigma > f_y$ 的区域，而对于部分大角钢试件，将体现出高于 1.0 的试验稳定系数。

这一部分内容，将在后续有限元数值分析中，进行更为深入的讨论。

显然，Q420 材质的这一快速进入强化阶段，从而提高轴压杆极限承载力的特征，仅体现在弹塑性失稳的试件中；而对于弹性失稳的轴压杆，Q420 材质的这一特征将难以发挥提高轴压杆稳定承载力的作用。因此，为直观反映试件的长细比更易使得试件发生弹塑性失稳还是弹性失稳，按式（4.6）求解出了各试件的正则化长细比 λ_n，列于表 4.12，即

$$\lambda_n = \frac{\lambda}{\pi} \sqrt{\frac{f_y}{E}} \tag{4.6}$$

表 4.12　大角钢轴压试件正则化长细比 λ_n 换算表

试件规格	f_y/MPa	E/MPa	λ	λ_n	试件规格	f_y/MPa	E/MPa	λ	λ_n
L220×20-35			30.25	0.433	L250×26-35			31.61	0.454
L220×20-40			34.00	0.486	L250×26-40			35.65	0.512
L220×20-45	410	$2.03×10^5$	37.67	0.539	L250×26-45	430	$2.11×10^5$	39.62	0.569
L220×20-50			41.28	0.591	L250×26-50			43.60	0.627
L220×20-55			44.84	0.641	L250×26-55			47.36	0.681
L220×22-35			30.52	0.443	L250×28-35			31.77	0.474
L220×22-40			34.32	0.498	L250×28-40			35.92	0.535
L220×22-45	430	$2.07×10^5$	38.04	0.552	L250×28-45	465	$2.12×10^5$	39.86	0.594
L220×22-50			41.70	0.605	L250×28-50			43.80	0.653
L220×22-55			45.30	0.657	L250×28-55			47.68	0.711
L220×26-35			30.94	0.448	L250×30-35			31.92	0.474
L220×26-40			34.82	0.504	L250×30-40			36.04	0.535
L220×26-45	436	$2.11×10^5$	38.63	0.559	L250×30-45	453	$2.08×10^5$	40.08	0.595
L220×26-50			42.37	0.613	L250×30-50			44.06	0.655
L220×26-55			46.05	0.666	L250×30-55			47.97	0.713

结合 Euler 公式［式（1.1b）］得出：

1）当正则化长细比 $\lambda_n > 1.0$ 时，处于稳定临界状态的轴压杆的截面平均压应力 $\sigma < f_y$，轴压杆的失稳为弹性失稳。

2）当正则化长细比 $\lambda_n = 1.0$ 时，处于稳定临界状态的轴压杆的截面平均压应力 $\sigma = f_y$，轴压杆的失稳介于弹塑性失稳和弹性失稳的界限状态。

3）当正则化长细比 $\lambda_n < 1.0$ 时，处于稳定临界状态的轴压杆的截面平均压应

力 $\sigma > f_y$，轴压杆的失稳为弹塑性失稳。

显然，考虑到实际中的轴压杆，在达到稳定临界状态时，其截面应力分布并不均匀。对于 $\lambda_n = 1.0$ 的轴压杆，在其达到稳定临界状态时，其截面边缘应力将在二阶弯矩的作用下产生变化，有可能存在 $\sigma > f_y$ 的区域。这就意味着，对于 $\lambda_n > 1.0$ 的轴压杆，也可能发生弹塑性失稳。

这就意味着，正则化长细比 λ_n 与 1.0 的大小关系，并不是判断压杆的失稳形式为弹性失稳还是弹塑性失稳的严格标准。

然而，当 λ_n 大于 1.0 较多时，轴压杆失稳时截面应力 σ 超过 f_y 的难度也随之增加。因此，正则化长细比 λ_n 依旧可以作为大致区分轴压杆失稳形式的重要参数。后文研究中，将以正则化长细比 λ_n 取代试件几何长细比 λ，对高强度大规格角钢轴压构件的稳定承载力进行进一步的研究。

4.6.2　国内外设计规范中的柱子曲线

1. 我国钢结构设计规范（GB 50017—2003）

我国规范中的柱子曲线考虑截面类型与残余应力分布等因素，共分为 a、b、c、d 四类。柱子曲线的解析式，采用 Perry 公式的计算形式，即

当 $\lambda_n \leqslant 0.215$ 时

$$\varphi = 1 - \alpha_1 \lambda_n^2 \tag{4.7a}$$

当 $\lambda_n > 0.215$ 时

$$\varphi = \frac{1}{2\lambda_n^2}\left[(\alpha_2 + \alpha_3\lambda_n + \lambda_n^2) - \sqrt{(\alpha_2 + \alpha_3\lambda_n + \lambda_n^2)^2 - 4\lambda_n^2}\right] \tag{4.7b}$$

式中：α_1、α_2 和 α_3 为系数，按表 4.13 取值。

表 4.13　钢规 GB 50017—2003 中 Perry 公式系数取值

截面类别		α_1	α_2	α_3
a 类		0.41	0.986	0.152
b 类		0.65	0.965	0.300
c 类	$\lambda_n \leqslant 1.05$	0.73	0.906	0.595
	$\lambda_n > 1.05$		1.216	0.302
d 类	$\lambda_n \leqslant 1.05$	1.35	0.868	0.915
	$\lambda_n > 1.05$		1.375	0.432

根据式（4.7）及表 4.13，绘出我国《钢结构设计规范》（GB 50017—2003）的四类柱子曲线，如图 4.37 所示。除《钢结构设计规范》（GB 50017—2003）外，我国电力工程中《架空输电线路杆塔结构设计技术规定》（DL/T 5154—2012）[36]也采用该曲线作为受压材的柱子曲线，并对大宽厚比杆件进行稳定承载力的折减。

所不同的是，杆塔结构中常用杆件截面类别较少，多为圆管截面和角钢截面，因此在该规范[36]中，仅采用了 a 类和 b 类柱子曲线，进行受压材的稳定承载力计算。

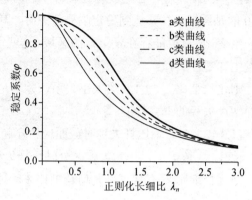

图 4.37　GB 50017—2003 中四类柱子曲线

2. ANSI/AISC 360-10

美国 AISC 推荐的钢结构规范中，并没有明确的稳定系数概念，但可以算出稳定临界状态的压杆平均应力 F_{cr} 与屈服强度 F_y 的比值[13]，而这一比值则与我国规范中的稳定系数 φ 的概念相同。根据 ANSI/AISC 360-10

当 $\lambda \leqslant 4.71\sqrt{\dfrac{E}{F_y}}$ ，或 $\lambda_n \leqslant 1.5$ 时

$$\varphi = \frac{F_{cr}}{F_y} = 0.658^{\frac{F_y}{F_e}} \tag{4.8a}$$

当 $\lambda > 4.71\sqrt{\dfrac{E}{F_y}}$ ，或 $\lambda_n > 1.5$ 时

$$\varphi = \frac{F_{cr}}{F_y} = \frac{0.877 F_e}{F_y} \tag{4.8b}$$

式（4.8）中，F_e 为 Euler 临界应力，即

$$F_e = \frac{\pi^2 E}{\lambda^2} \tag{4.9}$$

将式（4.9）代入式（4.8），即可得到按照正则化长细比 λ_n 计算获得的 ANSI/AISC 360-10 中推荐的柱子曲线解析式，即

当 $\lambda_n \leqslant 1.5$ 时

$$\varphi = 0.658^{\lambda_n^2} \tag{4.10a}$$

当 $\lambda_n > 1.5$ 时

$$\varphi = \frac{0.877}{\lambda_n^2} \qquad (4.10b)$$

式（4.10）即为 ANSI/AISC 360-10 中推荐柱子曲线的解析式。按式（4.10）绘制出该规范中推荐的柱子曲线，如图 4.38 所示。

可以看出，不同于我国钢结构设计规范，美国 ANSI/AISC 360-10 仅有一条柱子曲线，而并未根据截面类型与残余应力分布等情况对柱子曲线进行分类。

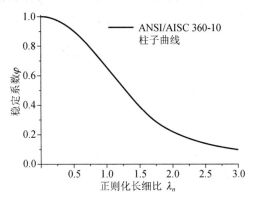

图 4.38　ANSI/AISC 360-10 中的柱子曲线

3. ASCE 10—97

跟 AISC 推荐规范类似，美国输电铁塔导则 ASCE 10—97 中，亦无明确的稳定系数概念，但给出了稳定承载力 F_a 与钢材屈服强度 F_y 的比值（即稳定系数 φ）。

当 $\lambda \leqslant \pi\sqrt{\dfrac{2E}{F_y}}$，或 $\lambda_n \leqslant 1.414$ 时

$$\varphi = \frac{F_a}{F_y} = 1 - \frac{1}{2}\left(\frac{\lambda}{C_c}\right)^2 \qquad (4.11a)$$

当 $\lambda > \pi\sqrt{\dfrac{2E}{F_y}}$，或 $\lambda_n > 1.414$ 时

$$\varphi = \frac{1}{F_y} \cdot \frac{\pi^2 E}{\lambda^2} \qquad (4.11b)$$

式（4.11）中

$$C_c = \pi\sqrt{\frac{2E}{F_y}} \qquad (4.12)$$

由式（4.11b）可以看出，对于长细比较大的角钢压杆（$\lambda_n > 1.414$），ASCE 10—97 给出的柱子曲线就是 Euler 曲线，这说明 ASCE 推荐的曲线是偏于激进的。这一

点在后文对比研究中将得到证实。

同样，可采用正则化长细比 λ_n 对式（4.11）进行改写，即

当 $\lambda_n \leqslant 1.414$ 时

$$\varphi = 1 - \frac{\lambda_n^2}{4} \tag{4.13a}$$

当 $\lambda_n > 1.414$ 时

$$\varphi = \frac{1}{\lambda_n^2} \tag{4.13b}$$

根据式（4.13），绘制出 ASCE 10—97 推荐的柱子曲线，如图 4.39 所示。

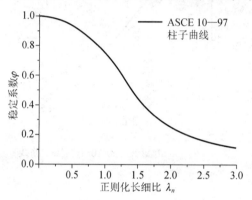

图 4.39　ASCE 10—97 中的柱子曲线

4. Eurocode 3

与我国钢结构设计规范类似，欧洲钢结构协会推荐的规范 Eurocode 3 中，也对柱子曲线进行了分类，共分为 a^0、a、b、c、d 五类，其中柱子曲线 a^0 仅适用于高强钢压杆。Eurocode 3 中提出了轴压承载力的降低系数 χ 的概念，其力学意义与我国规范中稳定系数 φ 相同。轴压承载力降低系数 χ 的计算方法为

$$\chi = \frac{1}{\varphi + \sqrt{\varphi^2 - \lambda_n^2}} \tag{4.14}$$

同时，χ 应满足 $\chi \leqslant 1.0$。

式（4.14）中，

$$\varphi = 0.5 \left[1 + \alpha \left(\lambda_n - 0.2 \right) + \lambda_n^2 \right] \tag{4.15}$$

上式中 α 为系数，按表 4.14 取值。

表 4.14 Eurocode 3 中系数 α 取值表

柱子曲线类别	a^0	a	b	c	d
α 取值	0.13	0.21	0.34	0.49	0.76

根据式（4.14）和式（4.15），及表 4.14 中的公式参数，可确定 5 条柱子曲线的解析式，并绘出柱子曲线如图 4.40 所示。

由图 4.40 可以看出，欧洲钢结构规范 Eurocode 3 中的柱子曲线，在正则化长细比 λ_n 不超过 0.2 时，其稳定系数取值为 1.0。这一点与国内外其他规范均不相同，即相当于 Eurocode 3 不考虑极短柱（$\lambda_n \leqslant 0.2$）的整体失稳问题；或可理解为 Eurocode 3 中认为极短柱（$\lambda_n \leqslant 0.2$）的稳定系数 φ 至少不低于 1.0，也就是不需考虑整体稳定问题。

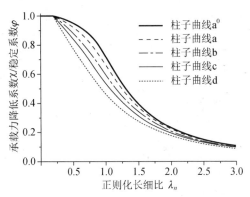

图 4.40 Eurocode 3 中的柱子曲线

4.6.3 稳定系数试验值 φ_t 与国内外规范的对比分析

为对各大角钢试件的轴压承载力做出进一步的研究与评价，需对其稳定系数试验值 φ_t 与国内外各规范的稳定系数计算值进行对比分析。由于我国钢结构设计规范 GB 50017—2003 与欧洲钢结构规范 Eurocode 3 中均有多条柱子曲线，在本节对比中，均取不低于规范规定的柱子曲线进行对比。即我国钢规中规定角钢采用 b 类柱子曲线，而欧洲 Eurocode 3 中规定角钢采用 b 类柱子曲线；则本次对比中取我国钢规的 a、b 类，欧洲 Eurocode 3 中的 a^0、a、b 类曲线。

90 根大角钢轴压试件稳定系数试验值 φ_t 与各规范的对比，如图 4.41～图 4.44 所示。

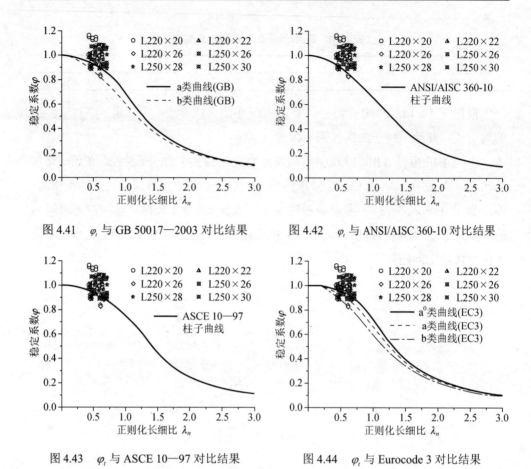

图 4.41　φ_t 与 GB 50017—2003 对比结果　　　图 4.42　φ_t 与 ANSI/AISC 360-10 对比结果

图 4.43　φ_t 与 ASCE 10—97 对比结果　　　图 4.44　φ_t 与 Eurocode 3 对比结果

由图 4.41～图 4.44 可以直观地看出，总体上 90 根大角钢轴压试件中，绝大多数轴压试件的稳定系数试验值 φ_t 明显高于国内外各规范中的柱子曲线，高强度大规格角钢构件具有很高的轴压承载力。

为进一步对大角钢轴压稳定系数试验值 φ_t 高于国内外柱子曲线的幅度进行更为深入的量化分析，对具有相同名义几何尺寸的 3 根大角钢轴压试件的稳定系数规范值进行了计算求解，并与对应的 3 根试件试验稳定系数平均值 φ_{tave} 进行了对比分析。对比结果列于表 4.15，其中，φ_{GB}、ψ_{AISC}、φ_{ASCE}、φ_{EC3} 分别表示我国钢结构设计规范（GB50017—2003）、美国 ANSI/AISC 360-10、美国 ASCE 10—97、欧洲 Eurocode 3 中的稳定系数计算值。

表 4.15　大角钢轴压试件稳定系数的规范计算值

试件规格	λ_n	φ_{tave}	国内外规范稳定系数计算值						
			$\varphi_{GB(a)}$	$\varphi_{GB(b)}$	φ_{AISC}	φ_{ASCE}	$\varphi_{EC3(a^0)}$	$\varphi_{EC3(a)}$	$\varphi_{EC3(b)}$
L220×20-35	0.433	1.105	0.941	0.898	0.925	0.953	0.964	0.944	0.913
L220×20-40	0.486	1.094	0.929	0.877	0.906	0.941	0.954	0.929	0.890
L220×20-45	0.539	1.117	0.915	0.856	0.886	0.927	0.943	0.912	0.867
L220×20-50	0.591	0.969	0.900	0.833	0.864	0.913	0.930	0.893	0.842
L220×20-55	0.641	1.023	0.884	0.809	0.842	0.897	0.916	0.874	0.816
L220×22-35	0.443	0.988	0.939	0.894	0.921	0.951	0.963	0.941	0.909
L220×22-40	0.498	0.987	0.926	0.873	0.901	0.938	0.952	0.925	0.885
L220×22-45	0.552	0.992	0.912	0.850	0.880	0.924	0.940	0.907	0.860
L220×22-50	0.605	0.940	0.896	0.826	0.858	0.908	0.926	0.888	0.835
L220×22-55	0.657	0.910	0.878	0.801	0.835	0.892	0.911	0.867	0.807
L220×26-35	0.448	0.906	0.938	0.892	0.919	0.950	0.962	0.940	0.907
L220×26-40	0.504	0.943	0.924	0.870	0.899	0.936	0.950	0.923	0.882
L220×26-45	0.559	0.976	0.910	0.847	0.877	0.922	0.938	0.905	0.857
L220×26-50	0.613	0.831	0.893	0.823	0.854	0.906	0.924	0.885	0.830
L220×26-55	0.666	0.912	0.875	0.797	0.831	0.889	0.908	0.863	0.803
L250×26-35	0.454	0.991	0.936	0.890	0.917	0.948	0.960	0.938	0.904
L250×26-40	0.512	0.961	0.922	0.867	0.896	0.934	0.949	0.921	0.879
L250×26-45	0.569	1.056	0.907	0.843	0.873	0.919	0.936	0.901	0.852
L250×26-50	0.627	0.965	0.889	0.816	0.848	0.902	0.920	0.879	0.823
L250×26-55	0.681	0.960	0.870	0.789	0.824	0.884	0.903	0.856	0.794
L250×28-35	0.474	0.931	0.932	0.882	0.910	0.944	0.957	0.932	0.896
L250×28-40	0.535	0.922	0.916	0.857	0.887	0.928	0.944	0.913	0.868
L250×28-45	0.594	1.019	0.899	0.831	0.863	0.912	0.929	0.892	0.840
L250×28-50	0.653	1.007	0.880	0.803	0.837	0.893	0.912	0.869	0.810
L250×28-55	0.711	0.986	0.858	0.774	0.809	0.874	0.892	0.843	0.777
L250×30-35	0.474	0.982	0.932	0.882	0.910	0.944	0.957	0.932	0.896
L250×30-40	0.535	1.010	0.916	0.857	0.887	0.928	0.944	0.913	0.868
L250×30-45	0.595	1.008	0.899	0.831	0.862	0.911	0.929	0.892	0.840
L250×30-50	0.655	0.959	0.879	0.802	0.836	0.893	0.911	0.868	0.809
L250×30-55	0.713	0.920	0.857	0.772	0.808	0.873	0.891	0.842	0.776

　　为进一步反映大角钢轴压试件稳定承载力高于国内外各设计规范的幅度，计算出了具有相同名义几何尺寸的 3 根大角钢轴压试件的稳定系数试验平均值 φ_{tave} 与各规范计算值的比值，列于表 4.16。

表 4.16　大角钢轴压试件稳定系数试验值与规范计算值的对比

试件规格	λ_n	$\varphi_{tave}/\varphi_{GB(a)}$	$\varphi_{tave}/\varphi_{GB(b)}$	$\varphi_{tave}/\varphi_{AISC}$	$\varphi_{tave}/\varphi_{ASCE}$	$\varphi_{tave}/\varphi_{EC3(a^0)}$	$\varphi_{tave}/\varphi_{EC3(a)}$	$\varphi_{tave}/\varphi_{EC3(b)}$
L220×20-35	0.433	1.17	1.23	1.19	1.16	1.15	1.17	1.21
L220×20-40	0.486	1.18	1.25	1.21	1.16	1.15	1.18	1.23
L220×20-45	0.539	1.22	1.30	1.26	1.20	1.18	1.22	1.29
L220×20-50	0.591	1.08	1.16	1.12	1.06	1.04	1.09	1.15
L220×20-55	0.641	1.16	1.26	1.21	1.14	1.12	1.17	1.25
L220×22-35	0.443	1.05	1.11	1.07	1.04	1.03	1.05	1.09
L220×22-40	0.498	1.07	1.13	1.10	1.05	1.04	1.07	1.12
L220×22-45	0.552	1.09	1.17	1.13	1.07	1.06	1.09	1.15
L220×22-50	0.605	1.05	1.14	1.10	1.04	1.02	1.06	1.13
L220×22-55	0.657	1.04	1.14	1.09	1.02	1.00	1.05	1.13
L220×26-35	0.448	0.97	1.02	0.99	0.95	0.94	0.96	1.00
L220×26-40	0.504	1.02	1.08	1.05	1.01	0.99	1.02	1.07
L220×26-45	0.559	1.07	1.15	1.11	1.06	1.04	1.08	1.14
L220×26-50	0.613	0.93	1.01	0.97	0.92	0.90	0.94	1.00
L220×26-55	0.666	1.04	1.14	1.10	1.03	1.00	1.06	1.14
L250×26-35	0.454	1.06	1.11	1.08	1.05	1.03	1.06	1.10
L250×26-40	0.512	1.04	1.11	1.07	1.03	1.01	1.04	1.09
L250×26-45	0.569	1.16	1.25	1.21	1.15	1.13	1.17	1.24
L250×26-50	0.627	1.09	1.18	1.14	1.07	1.05	1.10	1.17
L250×26-55	0.681	1.10	1.22	1.17	1.09	1.06	1.12	1.21
L250×28-35	0.474	1.00	1.06	1.02	0.99	0.97	1.00	1.04
L250×28-40	0.535	1.01	1.08	1.04	0.99	0.98	1.01	1.06
L250×28-45	0.594	1.13	1.23	1.18	1.12	1.10	1.14	1.21
L250×28-50	0.653	1.14	1.25	1.20	1.13	1.10	1.16	1.24
L250×28-55	0.711	1.15	1.27	1.22	1.13	1.11	1.17	1.27
L250×30-35	0.474	1.05	1.11	1.08	1.04	1.03	1.05	1.10
L250×30-40	0.535	1.10	1.18	1.14	1.09	1.07	1.11	1.16
L250×30-45	0.595	1.12	1.21	1.17	1.11	1.09	1.13	1.20
L250×30-50	0.655	1.09	1.20	1.15	1.07	1.05	1.10	1.19
L250×30-55	0.713	1.07	1.19	1.14	1.05	1.03	1.09	1.19
平 均 值		1.08	1.16	1.12	1.07	1.05	1.09	1.15
标 准 差		0.07	0.08	0.07	0.06	0.06	0.07	0.08
>1.0 的比率/%		93.3	100	93.3	86.7	83.3	93.3	100

　　由表 4.16 可以看出，在所对比的各规范中，我国钢规 GB 50017—2003 中等边角钢所在的 b 类曲线，及欧洲钢规 Eurocode 3 中角钢所在的 b 类曲线最为保守（曲线的保证率为 100%），所有试件的稳定系数平均值均大于这两条曲线，同时，可以看出这两条设计柱子曲线互相间十分接近；相对而言，美国 ASCE 10—97 的柱子曲线则与试验值最为接近，86.7% 的试件稳定系数试验平均值大于该曲线。

　　若不考虑角钢所在的柱子曲线类别，而采用我国钢规 GB 50017—2003 与欧洲钢规 Eurocode 3 中最高柱子曲线对大角钢的轴压承载力进行计算，则其保守程度将与美国规范 ASCE 10—97 相接近，其中欧洲钢规 Eurocode 3 中柱子曲线 a^0 相比之下更接近大角钢轴压稳定系数的试验值，此时 a^0 曲线的保证率为 83.3%。

　　以上试验及对比结果表明，按照国内外现行规范对该类高强度大规格角钢的轴压稳定承载力进行计算，是偏于保守的，不能充分发挥该类大角钢压杆的轴压承载性能。

　　此外，前文中提到，Q420 材质较短的屈服平台，可能使得大角钢轴压试件的稳定系数超过 1.0，这是一种合理的情况。为进一步说明稳定系数超过 1.0 的合理性，图 4.45 列出了大角钢试件稳定系数试验值与 Euler 曲线的对比曲线。

　　由图 4.45 中可以看出，若不计轴压杆平均应力 σ 需小于 f_y 的条件，各试件的稳定系数试验值 φ_t 均低于 Euler 公式所描述的曲线。而稳定系数 $\varphi > 1.0$，仅意味着压杆截面中可能存在应力 $\sigma > f_y$ 的情况，这与当前轴压构件的稳定理论是不相违背的。

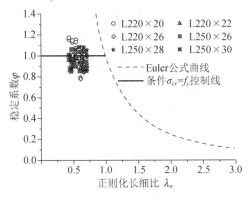

图 4.45　φ_t 与 Euler 曲线

4.7　大角钢轴压试件失稳模态的分析

　　通过本章 4.5 节中对大角钢轴压试件整体、局部失稳形态的记录与统计，可以得到大角钢轴压构件中发生弯扭失稳的试件所占比例很小，仅为 10%；且发生弯扭失稳的各试件中，其扭转变形分量并不显著。同时，所有试件在整体失稳发生以前，均未产生局部失稳。这样的试验现象，与各试件的宽厚比较小的计算结果是相一致的（详见 4.5.3 节）。

4.7.1　大规格角钢截面次翘曲惯性矩 I_ω'' 的分析

　　目前工程界计算轴压构件弯扭屈曲的实用方法是，在弹性稳定理论的基础上，

将弯扭屈曲临界力 N_{xz} 换算成更为细长杆件的弯曲临界力 N_{Ex}，再根据更细长的轴压杆的长细比，按弯曲失稳求解其临界力[92]。虽然换算过程是基于弹性假定[93]进行的，但在按照弯曲失稳求解试件的临界力时，已经考虑试件的初变形、残余应力等初始缺陷，相当于考虑了实际构件的非弹性和初始缺陷。这样的做法虽然并非十分严谨，但确是目前工程界普遍认同的做法[79]，我国钢结构设计规范[12]以及冷弯薄壁型钢结构技术规范[94]均采用这一做法。

结合图 4.46，在弹性假定下，由弹性稳定理论可得，单轴对称截面绕对称轴（本节中为 $y-y$ 轴）的弯扭屈曲临界力 N_{xz}、弯曲屈曲临界力 N_{Ex}、扭转屈曲临界力 N_z 之间满足关系：

$$(N_{Ex} - N_{xz})(N_z - N_{xz}) - \frac{e_0^2}{i_0^2} N_{xz}^2 = 0 \quad (4.16)$$

式中：e_0 为截面形心与剪切中心的距离；i_0 为截面对于剪切中心的极回转半径。

$$i_0^2 = e_0^2 + i_x^2 + i_y^2 \quad (4.17)$$

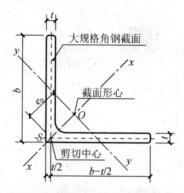

图 4.46　大规格角钢截面扇形惯矩的计算

式中：i_x 和 i_y 分别为截面绕主轴 x 轴和 y 轴的回转半径。

扭转屈曲临界力 N_z 按式（4.18）计算。

$$N_z = \frac{1}{i_0^2}\left(GI_t + \frac{\pi^2 EI_\omega}{l_\omega^2}\right) \quad (4.18)$$

式中：I_t 为截面抗扭惯性矩；I_ω 为截面扇形惯矩；l_ω 为扭转屈曲的计算长度。

将上式进一步写成 Euler 公式的形式，并引入扭转屈曲长细比 λ_z 的概念，可以得到

$$N_z = \frac{1}{i_0^2}\left(GI_t + \frac{\pi^2 EI_\omega}{l_\omega^2}\right) = \frac{\pi^2 EA}{\lambda_z^2} \quad (4.19)$$

则扭转屈曲长细比 λ_z 为

$$\lambda_z = \frac{i_0^2 A}{\dfrac{I_t}{25.7} + \dfrac{I_\omega}{l_\omega^2}} \tag{4.20}$$

弯曲屈曲临界力 N_{Ex} 可由 Euler 公式确定，而弯扭屈曲临界力 N_{xz} 亦可写成 Euler 公式的形式，从而获得弯扭屈曲的长细比 λ_{xz}。

$$N_{Ex} = \frac{\pi^2 EA}{\lambda_x^2} \tag{4.21}$$

$$N_{xz} = \frac{\pi^2 EA}{\lambda_{xz}^2} \tag{4.22}$$

将式（4.19）、式（4.21）、式（4.22）代入式（4.16），可得弯扭屈曲长细比 λ_{xz} 的计算公式为

$$\lambda_{xz}^2 = \frac{1}{2}\left[(\lambda_x^2 + \lambda_z^2) + \sqrt{(\lambda_x^2 + \lambda_z^2)^2 - 4\left(1 - \frac{e_0^2}{i_0^2}\right)\lambda_x^2 \lambda_z^2} \right] \tag{4.23}$$

式（4.23）即为被引入我国钢结构设计规范（GB 50017—2003）[12]中，作为单轴对称截面弯扭屈曲长细比（计及扭转效应的换算长细比）λ_{xz} 的计算方法。

然而，当前依照我国钢规进行等边角钢的工程设计时，对等边角钢的弯扭屈曲换算长细比 λ_{xz} 的计算做了大量简化，包括对主轴回转半径 i_x、i_y，剪切中心坐标 e_0 的简化计算等，其中与大规格角钢截面相关的最重要简化，是认为角钢截面的扇形惯矩 $I_\omega = 0$。

这样的假定，对于壁厚较薄的角钢截面是合适的。这是因为，对于若干相较于一点的直线段组成的截面，其剪切中心位于各线段的交点处[95]，具体到等边角钢，其截面剪切中心将位于截面肢背处。若不计角钢截面倒角带来的微弱影响，则通过计算获得的截面扇形惯矩 $I_\omega = 0$。

然而，上述计算是基于壁厚较薄的情况的，此时可认为构件截面在扭矩的作用下，其截面翘曲变形不沿厚度方向发生改变。而文献[64]表明，当角钢壁厚较厚时，截面翘曲应力将沿厚度方向发生改变，从而使角钢截面具备次翘曲扇形惯矩 I_ω^n。此时截面总扇形惯矩为 $I_\omega + I_\omega^n$。

值得说明的是，不同于薄壁截面，当考虑厚壁截面的次翘曲扇形惯矩 I_ω^n 时，角钢截面的剪切中心并不处于板件形心线的交点（图 4.46 中 S 点），而是存在一定偏移[96]。然而文献[96]的进一步研究表明，该偏移距离很小，可以忽略不计。因此结合图 4.46，考虑次翘曲的大角钢截面次翘曲扇形惯性矩可按下式计算[64]：

$$I_\omega^n = \frac{t^3 (b - t/2)^3}{18} \tag{4.24}$$

式中：b 为角肢总宽；t 为壁厚。

为量化分析次翘曲扇形惯矩 I_ω'' 的影响，分别对不计入 I_ω'' 和计入 I_ω'' 时，大角钢轴压试件计及扭转效应的弯扭屈曲换算长细比 λ_{xz} 进行计算，计算结果列于表 4.17 中。表中带有下标 "-0" 的各项参数，表示未计入 I_ω'' 的计算结果；带有下标 "-1" 的各项参数，表示计入 I_ω'' 时的计算结果。

表 4.17　　大角钢轴压试件弯扭屈曲换算长细比 λ_{yz} 计算结果表

试件规格	绕 x 轴 μ 值	λ_x	e_0 /mm	i_0 /mm	不计入 I_ω''			计入 I_ω''			$\dfrac{\lambda_{xz-1}}{\lambda_{xz-0}}$
					I_t /mm⁴	λ_{z-0}	λ_{xz-0}	I_ω'' /mm⁴	λ_{z-1}	λ_{xz-1}	
L220×20-35	0.9423	16.80	73.26	120.45	113.01	52.9	53.9	4116	51.7	52.8	0.979
L220×20-40	0.9354	19.06	73.26	120.45	113.01	52.9	54.2	4116	52.0	53.4	0.984
L220×20-45	0.9289	21.29	73.26	120.45	113.01	52.9	54.6	4116	52.1	53.9	0.987
L220×20-50	0.9226	23.50	73.26	120.45	113.01	52.9	55.0	4116	52.3	54.4	0.990
L220×20-55	0.9166	25.68	73.26	120.45	113.01	52.9	55.5	4116	52.4	55.0	0.991
L220×22-35	0.9463	16.87	72.97	119.93	149.60	47.9	49.0	5401	46.8	48.0	0.979
L220×22-40	0.9399	19.15	72.97	119.93	149.60	47.9	49.4	5401	47.0	48.6	0.984
L220×22-45	0.9337	21.40	72.97	119.93	149.60	47.9	49.8	5401	47.2	49.2	0.987
L220×22-50	0.9277	23.63	72.97	119.93	149.60	47.9	50.3	5401	47.3	49.8	0.990
L220×22-55	0.9220	25.83	72.97	119.93	149.60	47.9	50.9	5401	47.4	50.4	0.992
L220×26-35	0.9526	17.05	72.27	118.93	243.95	40.2	41.6	8661	39.3	40.8	0.980
L220×26-40	0.9468	19.36	72.27	118.93	243.95	40.2	42.1	8661	39.5	41.5	0.985
L220×26-45	0.9412	21.66	72.27	118.93	243.95	40.2	42.7	8661	39.6	42.2	0.988
L220×26-50	0.9357	23.92	72.27	118.93	243.95	40.2	43.3	8661	39.7	42.9	0.991
L220×26-55	0.9305	26.17	72.27	118.93	243.95	40.2	44.0	8661	39.8	43.7	0.993
L250×26-35	0.9629	17.17	82.73	136.01	279.76	45.9	47.2	12998	45.0	46.3	0.980
L250×26-40	0.9582	19.52	82.73	136.01	279.76	45.9	47.6	12998	45.2	46.9	0.985
L250×26-45	0.9536	21.86	82.73	136.01	279.76	45.9	48.1	12998	45.3	47.5	0.988
L250×26-50	0.9491	24.17	82.73	136.01	279.76	45.9	48.6	12998	45.4	48.2	0.991
L250×26-55	0.9448	26.47	82.73	136.01	279.76	45.9	49.3	12998	45.5	48.9	0.992
L250×28-35	0.9649	17.24	82.31	135.44	347.63	42.5	43.9	16030	41.6	43.0	0.980
L250×28-40	0.9605	19.61	82.31	135.44	347.63	42.5	44.3	16030	41.8	43.7	0.985
L250×28-45	0.9561	21.97	82.31	135.44	347.63	42.5	44.9	16030	41.9	44.4	0.988
L250×28-50	0.9518	24.29	82.31	135.44	347.63	42.5	45.5	16030	42.0	45.1	0.991
L250×28-55	0.9477	26.61	82.31	135.44	347.63	42.5	46.2	16030	42.1	45.9	0.993
L250×30-35	0.9668	17.29	82.02	135.02	425.42	39.5	41.1	19467	38.7	40.3	0.981
L250×30-40	0.9625	19.67	82.02	135.02	425.42	39.5	41.6	19467	38.9	41.0	0.986
L250×30-45	0.9583	22.04	82.02	135.02	425.42	39.5	42.2	19467	39.0	41.7	0.989
L250×30-50	0.9542	24.38	82.02	135.02	425.42	39.5	42.9	19467	39.1	42.5	0.991
L250×30-55	0.9503	26.71	82.02	135.02	425.42	39.5	43.7	19467	39.2	43.4	0.993
平均值											0.987
标准差											0.005

由表 4.17 可以看出，当进入考虑次翘曲时的角钢截面次翘曲刚度 I_ω'' 时，大角钢轴压试件的弯扭屈曲换算长细比 λ_{xz-1} 将有所降低，平均低于不考虑次翘曲时的

弯扭屈曲换算长细比 λ_{xz-0} 约 1.3%。这一现象表明,对于大规格截面角钢轴压试件,考虑实际情况记入截面次翘曲扇形惯矩 I_{ω}'' 时,可降低其弯扭屈曲换算长细比,从而使其抗扭刚度有所提高。这也可能是大角钢轴压试件基本失稳形态为弯曲失稳的一项重要原因。

由表 4.17 还可以看出,考虑次翘曲刚度 I_{ω}'' 时,换算长细比 λ_{xz} 的降低程度在小长细比试件中更为明显;而当长细比逐渐增大时,次翘曲刚度 I_{ω}'' 对换算长细比的影响则逐渐降低。

4.7.2　大角钢轴压试件弯扭屈曲换算长细比的讨论

值得说明的是,表 4.17 还体现出一种现象,即大角钢轴压试件的换算长细比 λ_{xz} 存在大于试件绕弱主轴长细比 λ_{x} 的情况。现对每一种规格大角钢试件的长细比 λ_{y}、λ_{xz-0} 及 λ_{xz-1} 进行对比计算,对比结果见表 4.18。

表 4.18　大角钢轴压试件绕弱轴长细比 λ_{y} 与弹性弯扭屈曲换算长细比 λ_{xz} 对比表

试件规格	绕弱主轴长细比 λ_{y}	绕强主轴长细比 λ_{x}	λ_{xz-0}	λ_{xz-1}	$\lambda_{y}/\lambda_{xz-0}$	$\lambda_{y}/\lambda_{xz-1}$
L220×20-35	30.25	16.80	53.9	52.8	0.56	0.57
L220×20-40	34.00	19.06	54.2	53.4	0.63	0.64
L220×20-45	37.67	21.29	54.6	53.9	0.69	0.70
L220×20-50	41.28	23.50	55.0	54.4	0.75	0.76
L220×20-55	44.84	25.68	55.5	55.0	0.81	0.82
L220×22-35	30.52	16.87	49.0	48.0	0.62	0.64
L220×22-40	34.32	19.15	49.4	48.6	0.69	0.71
L220×22-45	38.04	21.40	49.8	49.2	0.76	0.77
L220×22-50	41.70	23.63	50.3	49.8	0.83	0.84
L220×22-55	45.30	25.83	50.9	50.4	0.89	0.90
L220×26-35	30.94	17.05	41.6	40.8	0.74	0.76
L220×26-40	34.82	19.36	42.1	41.5	0.83	0.84
L220×26-45	38.63	21.66	42.7	42.2	0.90	0.92
L220×26-50	42.37	23.92	43.3	42.9	0.98	0.99
L220×26 55	46.05	26.17	44.0	43.7	1.05	1.05
L250×26-35	31.61	17.17	47.2	46.3	0.67	0.68
L250×26-40	35.65	19.52	47.6	46.9	0.75	0.76
L250×26-45	39.62	21.86	48.1	47.5	0.82	0.83
L250×26-50	43.60	24.17	48.6	48.2	0.90	0.90
L250×26-55	47.36	26.47	49.3	48.9	0.96	0.97

试件规格	绕弱主轴 长细比 λ_y	绕强主轴 长细比 λ_x	λ_{xz-0}	λ_{xz-1}	$\lambda_y / \lambda_{xz-0}$	$\lambda_y / \lambda_{xz-1}$
L250×28-35	31.77	17.24	43.9	43.0	0.72	0.74
L250×28-40	35.92	19.61	44.3	43.7	0.81	0.82
L250×28-45	39.86	21.97	44.9	44.4	0.89	0.90
L250×28-50	43.80	24.29	45.5	45.1	0.96	0.97
L250×28-55	47.68	26.61	46.2	45.9	1.03	1.04
L250×30-35	31.92	17.29	41.1	40.3	0.78	0.79
L250×30-40	36.04	19.67	41.6	41.0	0.87	0.88
L250×30-45	40.08	22.04	42.2	41.7	0.95	0.96
L250×30-50	44.06	24.38	42.9	42.5	1.03	1.04
L250×30-55	47.97	26.71	43.7	43.4	1.10	1.11

由表 4.18 可以看出,不论是否计入大角钢截面次翘曲扇形惯矩 I_ω'' 的影响,截面绕弱主轴长细比 λ_y 低于换算长细比 λ_{xz} 的比率均为 86.7%,即绝大多数轴压试件的最不利长细比为弯扭屈曲换算长细比 λ_{xz};换言之,按照表 4.18 的对比结果,绝大部分大角钢试件的失稳形态应为弯扭失稳。

然而,这一点与试验现象并不相符:90%的大角钢轴压试件发生弯曲失稳;且另 10%弯扭失稳的大角钢试件中,其扭转变形并不明显。显然,按现行规范计算获得的大角钢轴压构件弯扭失稳换算长细比 λ_{xz} 并不与真实稳定承载力对应,而是会低估试件的承载能力,且误判试件的失稳形态。

造成这一现象的原因,是由于现行对弯扭屈曲换算长细比 λ_{xz} 的计算方法,是以弹性屈曲假定为前提进行的[97],而本试验中各大角钢试件的长细比均较小,其失稳阶段均为弹塑性阶段失稳。

虽然计算轴压试件稳定系数的柱子曲线,已经考虑了材料塑性、初始缺陷等的影响,但按照弹性稳定理论,对弹塑性失稳的大角钢弯扭失稳长细比进行换算,可能不够严谨[98]。

因此,对于大角钢轴压试件,按照现行规范对其弯扭失稳换算长细比进行换算,是不够精确的。而试验结果表明,对于高强度大规格角钢轴压构件,可考虑其失稳形式为绕弱主轴的弯曲失稳,以此计算其轴压稳定承载力。

4.8 小　　结

本章为对高强度大规格角钢试件的轴压试验研究,共进行了 6 种截面规格、5 种名义长细比,合计 90 根高强度大规格角钢轴压试件的轴压加载试验研究。其中,每种名义截面规格、杆长的大角钢试件，均进行 3 根试件的重复试验。对各试件的试验现象进行记录，并对试验结果进行了统计。在此基础上，结合国内外多部规范，对试验现象及试验结果进行了分析。本章研究主要得到如下结论：

1）大角钢轴压试件的稳定承载力，高于国内外现行规范的计算值。经无量纲化的各试件稳定系数，均明显高于各对比规范中的柱子曲线，其中以我国钢规 GB 50017—2003 和欧洲钢规 Eurocode 3 中的 b 类曲线最为保守；而美国 ASCE 推荐规范 ASCE 10—97 相比而言保守程度最小。按现行各规范对高强度大规格角钢构件的轴压承载力进行计算，是偏于保守的，不能充分发挥该类大角钢轴压构件的承载性能。

2）大角钢轴压试件的整体失稳形态有弯曲失稳和弯扭失稳两类。90%的大角钢轴压构件的失稳形态为弯曲失稳。同时，另外 10%发生弯扭失稳的试件中其扭转变形分量并不明显。

3）除截面规格为 L220×20 和 L220×22 的试件宽厚比（b/t）略微超过了美国 ANSI/AISC 360-10 中给出的限值外，其余各试件的宽厚比均小于国内外各规范中的宽厚比限值。这与本次试验中，各试件在整体失稳前均未发生局部失稳的试验现象是相一致的。

4）对于大规格截面角钢轴压构件，其截面次翘曲扇形惯矩 I_ω'' 的存在，使得截面的扇形惯矩并不为 0，不宜忽略。大角钢截面的次翘曲扇形惯矩 I_ω'' 可降低轴压试件的弯扭失稳换算长细比，提高试件的抗扭刚度。

5）国内外现行规范中，按照弹性稳定理论，计算弹塑性失稳的大角钢轴压构件弯扭失稳换算长细比 λ_{xz} 可能不严谨的，计算获得的 λ_{xz} 偏大。而试验现象表明，高强度大规格角钢轴压试件的极限稳定承载力，可按照试件发生绕弱主轴的弯曲失稳进行考虑。

第 5 章　有限元数值模型的建立与验证

5.1　引　　言

第 4 章对 90 根高强度大规格角钢试件进行的轴压加载试验,获得了每根试件的极限稳定承载力,并通过无量纲化获得了各试件的稳定系数。然而,通过第 4 章的分析可知,大角钢轴压试件稳定系数试验值 φ_t 并未呈现出现行规范中柱子曲线所反映出的, φ_t 随长细比 λ 降低的规律。这是由于各试件的初变形等残余应力并不具备一致性。在世界各国家和地区制定柱子曲线时,均统一初变形幅值与杆长的比值,然后对压杆的极限承载力进行数值求解。例如我国钢结构设计规范中,将压杆初变形幅值统一取为杆长的 1/1000[25,26]。因此,对高强度大规格角钢轴压试件的稳定承载力计算方法进行研究时,需统一压杆的初变形幅值、残余应力分布等初始缺陷,而这就需要借助有限元工具进行数值分析[99,100]。

目前可用于分析高强度大规格角钢轴压杆的有限元软件较多,包括 ANSYS[101]、ABAQUS[102,103]、SAP[104] 等。在这些软件中,由于 ANSYS 可采用 ADPL 语言编写命令流文件进行数值建模[105,106],便于本书开展大量大角钢数值模型的参数化分析,故本书采用 ANSYS 软件,作为数值分析的依托程序。

本章首先根据实测大角钢试件的各项数据,建立大角钢轴压试件的有限元模型。然后依据试验结果对大角钢 ANSYS 的准确性与计算精度进行验证。由于本章主要进行有限元模型的建立与验证工作,在定义数值模型中,大角钢的肢宽、肢厚、本构关系、初变形等参数时,均采用实际测量值。

5.2　有限元模型的建立

5.2.1　有限元模型的力学简图

采用通用大型有限元软件 ANSYS 建立各大角钢轴压试件的数值模型。值得说明的是,由于在 ANSYS 软件中,理想刚接是较为容易实现的;而理想铰接节点的实现则较为烦琐,且容易产生较大计算误差[107,108]。因此,在有限元模型中,将杆件模型长度设置为实测大角钢试件计算长度 l_{0y} 的两倍,如图 5.1 所示。

在上述设置的基础上,将模型下端支座设置为刚接;同时约束试件上端截面

的 x、y 方向水平自由度，并采用 CP 命令，使上端截面共用 1 个 z 向平动自由度。通过这样的设置，可使有限元模型中的大角钢压杆实现下端刚接、上端双链杆连接的支座边界。

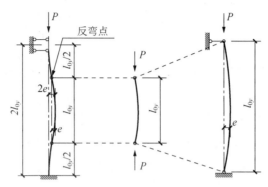

图 5.1　大角钢 ANSYS 数值模型力学简图

由图 5.1 可以看出，通过这样的设置，可使有限元模型中的大角钢轴压杆与实际试验中的轴压杆，具有相同的计算长度 l_{0y}，进而使二者具有相同的长细比 λ。

5.2.2　模型力学参数的定义

由于大角钢壁厚较厚，截面宽厚比较小，因此，在有限元模型中，采用 8 节点的 3D 实体单元 SOLID185 建立大角钢模型。SOLID185 单元可施加初始应力，具备大变形、非线性的计算能力，具有较高的计算精度[109]。在大角钢有限元数值模型中，采用实测肢宽 b、肢厚 t，并根据实测数据计算获得的压杆计算长度 l_{0y}，建立 ANSYS 数值模型。

由大角钢试件 Q420 材质的材性试验可知，大角钢材质应力-应变关系曲线中，屈服平台很短，这就意味着钢材在屈服后，将很快进入强化阶段，而使应力获得进一步增长。与该类材质特征相匹配的，是如图 5.2 所示的多线性材性模型。

而基于 Q235、Q345 级钢材制定的现行规范柱子曲线中，钢材材质均取为理想弹塑性，如图 5.3 所示。

本书对采用两种钢材应力-应变关系曲线的有限元模型，均进行了计算研究。初步计算表明，当采用如图 5.3 所示的理想弹塑性本构模型时，求解获得的大角钢模型稳定系数 φ_{FE} 均小于 1.0；而采用如图 5.2 所示的多线性模型时，可获得高于 1.0 的稳定系数有限元求解值 φ_{FE}。因此，本章采用图 5.2 所示的多线性模型，进行大角钢有限元模型的调试与验证。

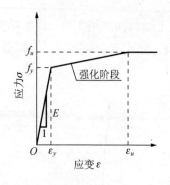 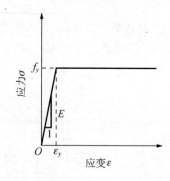

图 5.2　考虑强化的多线性本构模型　　　　图 5.3　双线性理想弹塑性本构模型

　　大角钢有限元模型中，钢材的屈服强度 f_y、极限抗拉强度 f_u 及弹性模量 E 等各项参数，均按表 3.1 列出的实测数据进行设定；屈服点应变 ε_y 按屈服强度 f_y 与弹性模量 E 的比值（f_y/E）进行确定；钢材泊松比 ν 取为 0.3。钢材屈服准则设置为 von Mises 准则[110]。

　　在划分单元网格时，采用 SWEEP 方式进行网格划分，这样可使有限元模型中网格均匀且网格各边边长相近。在对网格大小进行确定时，本书对比分析了网格边长设置为 5～20mm、间隔 1.0mm 的 16 组不同模型的试算结果。对比表明，当网格边长设置为 10mm 时，有限元模型的计算结果已经趋于稳定，具有足够的计算精度；相比边长更小的网格，边长 10mm 的网格尺寸设置，使得有限元模型具有更高的计算效率。因此，在本章及后文的有限元分析中，将网格边长设置为 10mm。

　　在这样的网格边长设定下，截面规格为 L220×20 的各大角钢模型沿厚度方向划分为 2 个网格，如图 5.4 所示；其余各截面的大角钢模型沿厚度方向划分为 3 个网格，如图 5.5 所示。

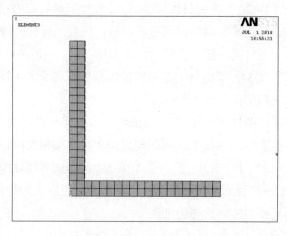

图 5.4　L220×20 模型截面网格划分

如图 5.6 所示，为试件 L220×20-35 的有限元模型网格划分结果。可以看出，本章采用 SWEEP 命令划分的单元网格十分规整，且每个网格各个方向的尺寸相当，便于保证有限元模型具有足够的求解精度。

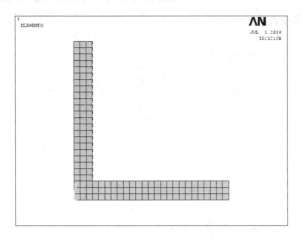

图 5.5　除 L220×20 外各模型截面网格划分

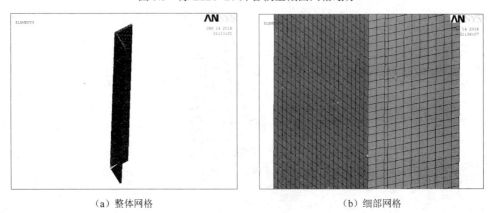

（a）整体网格　　　　　　　　　　　　（b）细部网格

图 5.6　大角钢 ANSYS 有限元模型网格划分

5.2.3　初变形的施加

完成大角钢轴压试件的力学参数定义、几何模型绘制、网格划分后，对大角钢试件进行特征值屈曲分析，以获得大角钢轴压试件有限元模型的各阶失稳模态。根据轴压构件的弹性屈曲理论可知，轴压构件的各阶屈曲模态，均对应于各阶弹性屈曲临界荷载，而其中以一阶屈曲临界荷载最低。因此，采用一阶屈曲模态作为有限元模型的初变形形状。

如图 5.7 及图 5.8 所示，分别为对大角钢有限元轴压模型进行特征值屈曲分析后，获得的一阶弯曲屈曲模态及一阶弯扭屈曲模态，并生成相应的"*.rst"初变形文件。在特征值屈曲分析中，初始变形的幅值 u_B，并不代表实际试件的初变形幅值 u。因此，在施加初始变形时，应定义初变形放大倍数 $\eta = u / u_B$，以便使有限元模型的初变形幅值为实际测量值。各试件的初始变形测量数据，如表3.3所示。

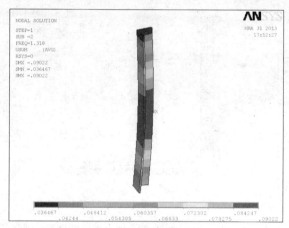

图5.7   一阶弯曲屈曲模态

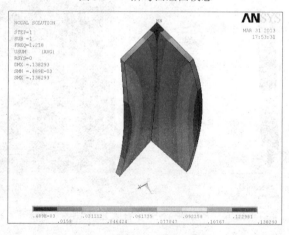

图5.8   一阶弯扭屈曲模态

5.2.4   残余应力的确定

残余应力作为轴压构件的一项重要初始缺陷，需在有限元模型中进行考虑。对于Q420等边角钢构件中，截面残余应力的分布，文献[7]及文献[29]均进行了较为充分的研究。本书采用其研究结果，定义大角钢截面的残余应力分布，如图5.9所示，并取残余应力峰值 $\sigma_r = 0.13 f_y$。

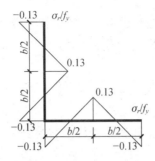

图 5.9　有限元模型中大角钢截面残余应力分布

在有限元中，采用∗VWRITE 命令，编写大角钢的残余应力文件（"∗.ist"文件），并采用 inistate 命令，读取生成的残余应力文件，对大角钢数值模型施加残余应力。施加残余应力后的大角钢有限元模型应力分布如图 5.10 所示。

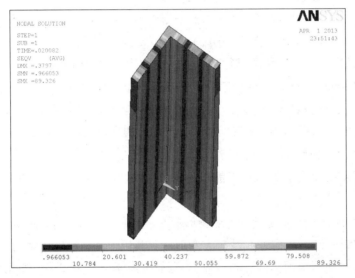

图 5.10　大角钢有限元模型残余应力云图

5.2.5　模型求解设定

由前文分析可知，正则化长细比 λ_n 的取值范围在 0.433～0.713 的各大角钢轴压试件，其失稳形式均为弹塑性失稳。考虑到轴压试件的弹塑性失稳，以截面塑性区充分扩展，截面达到极限承载力，为失稳的临界状态，可判断其失稳类型为极值点失稳。

为模拟大角钢试件的这一失稳特性，采用弧长法[111]，对大角钢轴压试件的有限元模型进行求解。弧长法可求解整个数值模型加载过程中，大角钢模型所承受的极值点荷载[112,113]，即有限元模型极限承载力 P_{uFE}。在求解中，打开非线性与大变形选项，并分 100 荷载步进行求解。每一荷载步进一步细分为 50 荷载子步，以获得具有足够精度的有限元极限荷载 P_{uFE}。

5.3　有限元模型的建立与求解步骤

高强度大规格角钢轴压试件的 ANSYS 有限元数值模型，按如下步骤，进行建立及求解。

1）进入前处理，并根据实测的各试件肢宽 b、肢厚 t，实测支座刚度后的各试件计算长度 l_{0y}，建立各试件的几何模型。

2）根据对 Q420 大角钢材性试样的拉伸试验获得的应力-应变关系曲线，定义各试件的屈服强度 f_y、极限抗拉强度 f_u、弹性模量 E。屈服点应变按 $\varepsilon_y = f_y/E$ 进行计算。材质泊松比取为 $v=0.3$。材质屈服准则定义为 von Mises 准则。

3）采用 SOLID185 单元，并用 SWEEP 方式划分模型网格。

4）进入后处理，对模型进行特征值屈曲分析，并输出失稳模态文件。

5）采用 *get 命令，读取模态分析中模型的出变形幅值 u_B。在进行极限承载力求解时，采用 UPGEOM 命令，将一阶屈曲模态施加到求解模型中。在施加一阶失稳模态时，需根据实测初变形幅值 u，定义初变形放大倍数 $\eta = u/u_B$。

6）采用 *vwrite 命令，编写大角钢的残余应力文件。在进行极限承载力求解时，采用 inistate 命令，读取形成的残余应力文件，以将残余应力施加到大角钢模型中。

7）对于赋予一阶屈曲模态为初变形形态、并施加了残余应力的大角钢有限元模型，采用弧长法，考虑非线性与大变形，对其极限轴压稳定承载力进行求解。

对于每一根大角钢试件，均形成 3 份命令流文件，来组成一组求解模型。3 份命令流文件分别为：特征值屈曲分析；残余应力的编写；弧长法求解有限元数值模型的极限承载力。

5.4　有限元模型的验证

对有限元分析获得的各试件的极限承载力 P_{uFE}，与各试件的极限承载力试验值 P_u 进行对比分析，以对有限元模型的精确性进行验证。图 5.11 显示了二者的对比图。

由图 5.11 可以看出，各数据点均十分接近直线 $P_{uFE}=P_u$，这表明有限元模型具有较高的计算精度。

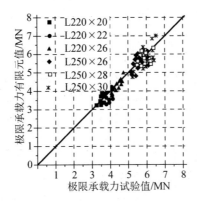

图 5.11　极限承载力试验值 P_u 与有限元值 P_{uFE} 的对比验证

　　为进一步对有限元数值模型的求解精度进行量化分析，求解出了各模型的稳定系数有限元值 φ_{FE}，并与相应各试件的稳定系数试验值 φ_t 进行了对比，并将对比结果列于表 5.1 中。

表 5.1　稳定系数有限元值 φ_{FE} 与试验值 φ_t 的对比

试件编号	λ_n	φ_t	φ_{FE}	φ_{FE}/φ_t	试件编号	λ_n	φ_t	φ_{FE}	φ_{FE}/φ_t
L220×20-35-1		1.147	1.156	1.008	L220×22-50-1		0.950	0.851	0.896
L220×20-35-2	0.433	1.004	1.068	1.064	L220×22-50-2	0.605	0.952	0.958	1.007
L220×20-35-3		1.164	1.084	0.931	L220×22-50-3		0.919	0.874	0.951
L220×20-40-1		1.125	1.060	0.942	L220×22-55-1		0.929	0.808	0.870
L220×20-40-2	0.486	1.015	0.947	0.933	L220×22-55-2	0.657	0.912	0.801	0.878
L220×20-40-3		1.142	1.029	0.901	L220×22-55-3		0.890	0.943	1.060
L220×20-45-1		1.078	1.130	1.048	L220×26-35-1		0.889	0.830	0.934
L220×20-45-2	0.539	1.127	1.149	1.020	L220×26-35-2	0.448	0.905	0.911	1.006
L220×20-45-3		1.147	1.100	0.959	L220×26-35-3		0.925	0.881	0.952
L220×20-50-1		0.998	1.036	1.038	L220×26-40-1		0.933	0.909	0.974
L220×20-50-2	0.591	0.922	0.921	0.998	L220×26-40-2	0.504	0.952	0.943	0.990
L220×20-50-3		0.987	0.960	0.972	L220×26-40-3		0.944	0.936	0.992
L220×20-55-1		1.004	0.931	0.928	L220×26-45-1		0.975	0.929	0.953
L220×20-55-2	0.641	0.984	0.936	0.951	L220×26-45-2	0.559	0.981	1.040	1.060
L220×20-55-3		1.080	1.007	0.932	L220×26-45-3		0.972	0.904	0.930
L220×22-35-1		0.987	0.974	0.987	L220×26-50-1		0.840	0.807	0.961
L220×22-35-2	0.443	0.989	0.927	0.937	L220×26-50-2	0.613	0.828	0.802	0.969
L220×22-35-3		0.989	1.005	1.016	L220×26-50-3		0.825	0.834	1.011
L220×22-40-1		0.987	0.877	0.889	L220×26-55-1		0.931	0.918	0.986
L220×22-40-2	0.498	0.984	0.949	0.965	L220×26-55-2	0.666	0.923	0.913	0.989
L220×22-40-3		0.991	0.969	0.977	L220×26-55-3		0.883	0.866	0.981
L220×22-45-1		0.989	1.003	1.014	L250×26-35-1		0.980	1.070	0.980
L220×22-45-2	0.552	0.989	0.909	0.919	L250×26-35-2	0.454	1.012	1.102	1.012
L220×22-45-3		0.999	0.870	0.871	L250×26-35-3		0.980	1.063	0.980

续表

试件编号	λ_n	φ_t	φ_{FE}	φ_{FE}/φ_t	试件编号	λ_n	φ_t	φ_{FE}	φ_{FE}/φ_t
L250×26-40-1		0.962	1.006	0.962	L250×28-50-1		0.964	0.866	0.964
L250×26-40-2	0.512	0.968	1.014	0.968	L250×28-50-2	0.653	1.059	1.008	1.059
L250×26-40-3		0.954	1.007	0.954	L250×28-50-3		0.997	0.934	0.997
L250×26-45-1		1.076	1.089	1.076	L250×28-55-1		1.064	0.954	1.064
L250×26-45-2	0.569	1.044	1.055	1.044	L250×28-55-2	0.711	1.005	0.936	1.005
L250×26-45-3		1.048	1.056	1.048	L250×28-55-3		0.888	0.840	0.888
L250×26-50-1		0.960	0.934	0.960	L250×30-35-1		0.967	0.901	0.967
L250×26-50-2	0.627	1.028	0.988	1.028	L250×30-35-2	0.474	1.069	1.037	1.069
L250×26-50-3		0.907	0.923	0.907	L250×30-35-3		0.911	0.908	0.911
L250×26-55-1		0.926	0.922	0.926	L250×30-40-1		0.929	0.902	0.929
L250×26-55-2	0.681	1.052	1.033	1.052	L250×30-40-2	0.535	1.033	0.954	1.033
L250×26-55-3		0.901	0.904	0.901	L250×30-40-3		1.067	0.940	1.067
L250×28-35-1		0.916	0.902	0.916	L250×30-45-1		1.051	0.941	1.051
L250×28-35-2	0.474	0.887	0.875	0.887	L250×30-45-2	0.595	1.085	0.915	1.085
L250×28-35-3		0.991	0.985	0.991	L250×30-45-3		0.888	0.853	0.888
L250×28-40-1		0.923	0.930	0.923	L250×30-50-1		0.891	0.821	0.891
L250×28-40-2	0.535	0.922	0.883	0.922	L250×30-50-2	0.655	1.082	1.064	1.082
L250×28-40-3		0.922	0.916	0.922	L250×30-50-3		0.903	0.813	0.903
L250×28-45-1		1.058	0.981	1.058	L250×30-55-1		0.910	0.808	0.910
L250×28-45-2	0.594	1.040	0.938	1.040	L250×30-55-2	0.713	0.940	0.754	0.940
L250×28-45-3		0.959	0.897	0.959	L250×30-55-3		0.911	0.743	0.911
$(\varphi_{FE}/\varphi_t)_{max}$									1.085
$(\varphi_{FE}/\varphi_t)_{min}$									0.870
平 均 值									0.973
标 准 差									0.058

由表 5.1 可以看出,大角钢稳定系数的有限元值 φ_{FE} 最高高于试验值 φ_t 为 8.5%,最低低于试验值 φ_t 为 13.0%。φ_{FE} 平均比 φ_t 低 2.7%。二者间的标准差为 0.058。这说明本书有限元数值模型具有较高的精度;同时,相比于轴压试验中的各大角钢试件,是略偏安全的。基于此,本章所建立的有限元数值模型,可用于对高强度大规格角钢轴压构件稳定承载力的进一步数值分析。

5.5　小　　结

本章采用通用有限元软件 ANSYS,建立了高强度大角钢轴压构件的有限元模型。模型中充分考虑了初变形、残余应力等初始缺陷。根据 90 根大角钢轴压试件的试验结果,对所建立的有限元模型进行了验证。验证结果表明,采用本章所建立的有限元模型求解大角钢构件的轴压承载力,具有较高的计算精度,可用于对大角钢轴压承载力计算方法的进一步研究。

第 6 章　大角钢轴压稳定系数计算方法的研究

6.1　引　　言

本章采用有限元数值分析的方法，在统一初始缺陷标准的前提下，对更大长细比范围（30≤λ≤150）的大角钢有限元模型进行计算求解，获得不同长细比下各模型的轴压稳定系数，并与国内外多部现行设计规范进行对比，并在此基础上，提出适用于高强度大规格角钢轴压构件稳定承载力的计算方法。

我国现行钢结构设计规范的柱子曲线中，所采用的压杆初变形幅值为杆长的1/1000。本章研究所用的所有大角钢轴压构件 ANSYS 有限元模型，均根据现行钢结构规范，将初变形幅值调整为杆长的 1/1000。

同时，本章对大角钢轴压构件稳定承载力的研究，主要以大角钢轴压稳定系数为分析对象，因此，为建模与计算方便，各大角钢有限元模型的肢宽 b、肢厚 t 均取为名义尺寸。

除此之外，各有限元模型的建立与求解过程，与第 5 章中所介绍的建模与求解方法完全一致。

6.2　两种本构关系对 φ 值的影响

前文中已经提到，在对钢结构轴压构件的稳定承载力进行理论和数值研究时，有两种材质应力-应变关系曲线可供采用，分别为如图 6.1 所示的考虑强化阶段的多线性本构关系曲线，及如图 6.2 所示的理想弹塑性双线性本构关系曲线。其中，后者是国内外现行规范中制定柱子曲线时所采用的钢结构本构关系。

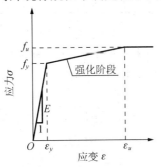

图 6.1　考虑强化的多线性本构关系模型

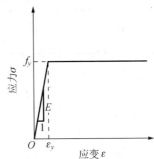

图 6.2　双线性理想弹塑性本构关系模型

为考虑两种不同本构关系对大角钢稳定系数 φ 值的影响，分别采用两种本构关系建立了有限元模型，并对求解获得的稳定系数值进行了对比分析。由图 5.4 及图 5.5 可以看出，截面规格为 L220×20 的有限元模型，其网格数量明显少于其他各规格的角钢有限元模型，这就意味着该截面规格的有限元模型具有更高的计算效率。因此，本书采用 L220×20 截面规格的有限元模型，进行两种材性曲线对大角钢稳定系数 φ 值的研究。

6.2.1　取用不同本构关系的有限元计算结果

分别采用多线性本构关系模型（图 6.1）、双线性本构关系模型（图 6.2）；长细比 λ 取值范围为 30～120、正则化长细比 λ_n 为 0.426～1.707、失稳形式包含弹塑性失稳和弹性失稳的，共计 26 个大角钢有限元模型进行了有限元计算。本节为描述方便，现定义采用考虑强化的多线性本构关系（图 6.1）的有限元模型获得稳定系数为 φ_M；同时，定义理想弹塑性作为本构关系（图 6.2）的有限元模型求解得到的稳定系数为 φ_B。各长细比下 φ_M 和 φ_B 的取值如表 6.1 所示。

表 6.1　两种材性模型的稳定系数对比值

几何长细比 λ	正则化长细比 λ_n	φ_M	φ_B	（φ_M/φ_B-1）/%
30	0.426	1.108	0.928	19.40
35	0.497	1.027	0.901	13.98
40	0.568	0.950	0.874	8.70
45	0.639	0.890	0.834	6.71
50	0.710	0.839	0.813	3.20
55	0.781	0.794	0.778	2.06
60	0.852	0.753	0.731	3.01
65	0.923	0.697	0.689	1.16
70	0.994	0.647	0.645	0.31
75	1.065	0.602	0.603	-0.17
90	1.278	0.464	0.471	-1.49
105	1.491	0.359	0.371	-3.23
120	1.704	0.282	0.287	-1.74

为直观反映表 6.1 所描述的变化规律，将各模型获得的稳定系数 φ 值绘制曲线图如图 6.3 所示。图 6.3 中还对比列出了，我国钢结构规范 GB 50017—2003 中，等边角钢所在的 b 类曲线；欧洲钢规 Eurocode 3 中等边角钢的 b 类柱子曲线；美国 ANSI/AISC 360-10 和 ASCE 10—97 推荐的柱子曲线。

由图 6.3 可以看出，多线性、双线性材性关系，对大角钢的稳定系数 φ 值具有不可忽略的影响。可以看出，φ_M 和 φ_B 之间的差别，随着长细比 λ_n 的不同而存在明显变化。当 λ_n 较小时，φ_M 明显大于 φ_B，φ_M 甚至有可能超过 1.0；而当 λ_n 足够大时，φ_M 和 φ_B 则趋于一致。不论长细比 λ_n 取值如何，φ_B 始终小于 1.0。

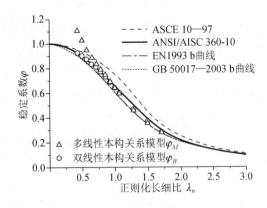

图 6.3   两种本构关系模型计算结果对比

由图 6.3 还可以看出，采用理想弹塑性的双线性本构关系时，φ_B 与我国现行规范中等边角钢所在的 b 类曲线十分接近，这说明了本章所采用的有限元模型，与制定现行规范柱子曲线时的数值计算模型，具有相吻合的计算结果。

φ_B 与我国 b 类曲线相吻合的计算结果，从侧面验证了本章所采用的有限元模型的准确性。同时也证明，采用理想弹塑性的本构关系，不能准确计算大角钢的轴压稳定承载力；应采用考虑强化阶段的多线性本构关系，对大角钢的轴压稳定承载力进行更为合理的数值分析。

6.2.2   大角钢轴压构件的分类

造成如图 6.3 中所示 φ_M 和 φ_B 差别的原因，是因为不同材性特征、不同长细比下，试件的失稳形式存在差异：

1）当长细比 λ_n 较大，尤其是 λ_n 明显大于 1.0 时，轴压杆的失稳形式为弹性失稳。对于弹性失稳的轴压杆，其稳定临界状态截面平均应力 σ 要小于材质屈服强度 f_y。此时不论轴压杆的本构关系中是否考虑强化，对轴压杆的极限稳定承载力影响十分微小，甚至为 0。

2）当长细比 λ_n 小于 1.0 时，轴压杆的失稳形式为弹塑性失稳。弹塑性失稳的轴压杆在临界状态时，其截面应力 σ 将达到屈服强度 f_y；而对于材性曲线中存在强化阶段的轴压构件，截面应力 σ 将有可能大于屈服强度 f_y。此时，采用两种本构关系建立的有限元模型，其稳定承载力 φ_M 与 φ_B 将存在明显差异。

3）当长细比 λ_n 足够小时，将有可能出现 φ_M 大于 1.0 的情况。

同时，由图 6.3 还可以注意到，当材料本构关系取为理想弹塑性时，有限元计算获得的稳定系数值 φ_B 与我国现行钢结构规范 GB 50017—2003 中的 b 类曲线、欧洲 Eurocode 3 中的 b 类曲线吻合良好，φ_B 仅略高于上述规范中的柱子曲线。这说明，如果不考虑 Q420 材质中屈服平台较短、钢材在屈服后将很快进入强化阶段的特性，而仅按理想弹塑性对轴压构件的稳定承载力进行分析，将得到与现有等边角钢轴压构件的研究相类似的结果。这不仅证明了本书所建立有限元模型的准确性，也证实了钢材材性曲线对短柱（弹塑性失稳的轴压杆）的整体稳定承载力存在重要影响。

基于此，本书根据正则化长细比 λ_n 的取值，将高强度大规格角钢轴压构件分为三类：短柱、中短柱和长柱。

（1）短柱（$\lambda_n \leqslant 0.5$）

初步将正则化长细比 $\lambda_n < 0.5$（0.5 的界限正则化长细比将在后文中进行微调）的大角钢轴压杆定义为大角钢短柱。由表 6.1 及图 6.3 可知，对于 $\lambda_n < 0.5$ 的极短柱，其稳定系数 $\varphi_M > 1.0$，具有很强的轴压承载力。取用不同材性曲线，对短柱的极限轴压承载力具有十分显著的影响。

（2）中短柱（$0.5 < \lambda_n \leqslant 1.0$）

初步将正则化长细比 λ_n 取值范围为 0.5～1.0 的大角钢轴压构件，定义为大角钢中短柱。中短柱的稳定系数 φ_M 均不超过 1.0，但强化阶段对该类轴压构件的影响依然存在。对于中短柱，φ_M 与 φ_B 的差别随长细比 λ_n 的增长而逐渐减弱，最终趋于消失。

（3）长柱（$\lambda_n > 1.0$）

将正则化长细比 $\lambda_n > 1.0$ 的大角钢轴压构件，定义为大角钢长柱。长柱的失稳形式为弹性失稳，此时不同材性曲线对大角钢轴压杆的影响已十分微小，φ_M 与 φ_B 的值已十分接近。

为结合实际情况，充分考虑大角钢 Q420 材质快速强化对短柱承载力的影响，在本书后续对高强度大规格角钢轴压稳定系数的研究中，将采用考虑强化阶段的多线性本构关系模型（图 6.1），进行有限元数值分析。

6.3　大角钢轴压杆稳定系数的有限元分析

本书第 4 章所列大角钢轴压加载试验研究的各角钢试件，均为弹塑性失稳的短柱、中短柱大角钢试件；而在本章的有限元研究中，补充进行了弹性失稳的长柱大角钢构件的轴压稳定承载力研究。本章对长细比 λ 范围为 30～150（$0.426 \leqslant \lambda_n \leqslant 2.268$）的各截面规格共计 60 个大角钢轴压构件有限元模型进行了计算分析，并对其极限承载力 P_{uFE} 进行了求解。在获得有限元模型的极限承载力 P_{uFE} 后，按式（6.1）求解出了各大角钢轴压构件模型的稳定系数有限元值 φ_{FE}。

$$\varphi_{FE} = \frac{P_{uFE}}{A} \qquad (6.1)$$

式中：A 为有限元中大角钢截面面积，按式（6.2）进行计算。

$$A = 2bt - t^2 \qquad (6.2)$$

式中：b、t 分别为有限元模型中大角钢截面肢宽、肢厚。

在有限元分析中，b、t 均取各截面规格中的名义值。

各截面的大角钢有限元模型稳定系数值 φ_{FE} 汇总列于表 6.2 中。

表 6.2 稳定系数 φ 值的有限元数值模型计算结果

截面规格	构件类别	λ	λ_n	φ_{FE}	截面规格	构件类别	λ	λ_n	φ_{FE}
L220×20	短 柱	30	0.426	1.115	L220×26	长 柱	120	1.757	0.277
		35	0.497	1.035			130	1.904	0.239
	中短柱	40	0.568	0.965			150	2.197	0.182
		45	0.639	0.896	L250×26	短 柱	30	0.436	1.112
		50	0.710	0.845		中短柱	45	0.654	0.902
		55	0.781	0.799			60	0.873	0.757
		60	0.852	0.754		长 柱	75	1.091	0.609
		65	0.923	0.707			90	1.309	0.477
		70	0.994	0.658			105	1.527	0.372
	长 柱	75	1.065	0.608			120	1.745	0.294
		90	1.278	0.476			130	1.891	0.245
		105	1.491	0.371			150	2.181	0.187
		120	1.704	0.289	L250×28	短 柱	30	0.454	1.074
		130	1.846	0.251		中短柱	45	0.681	0.869
		150	2.130	0.191			60	0.907	0.717
L220×22	短 柱	30	0.436	1.102		长 柱	75	1.134	0.565
	中短柱	45	0.654	0.895			90	1.361	0.438
		60	0.873	0.742			105	1.588	0.338
	长 柱	75	1.091	0.595			120	1.815	0.265
		90	1.309	0.462			130	1.966	0.225
		105	1.527	0.358			150	2.268	0.172
		120	1.745	0.288	L250×30	短 柱	30	0.448	1.080
		130	1.891	0.243		中短柱	45	0.672	0.873
		150	2.181	0.186			60	0.896	0.721
L220×26	短 柱	30	0.439	1.091		长 柱	75	1.120	0.580
	中短柱	45	0.659	0.880			90	1.343	0.444
		60	0.879	0.743			105	1.567	0.339
	长 柱	75	1.098	0.593			120	1.791	0.269
		90	1.318	0.457			130	1.940	0.229
		105	1.538	0.352			150	2.239	0.174

由表 6.2 可以看出，根据截面规格为 L220×20 的各角钢试件的计算结果，定义的大角钢轴压构件的分类，很好地适用于其他截面规格的大角钢轴压构件。尤其是各截面规格中的大角钢短柱，其稳定系数值 φ_{FE} 均大于 1.0；而各截面的大角钢中长柱，其稳定系数已经均低于 1.0。

根据表 6.2 的计算数据，绘制 $\varphi_{FE} - \lambda_n$ 关系曲线，如图 6.4 所示。图 6.4 中同时列出了 Euler 曲线。

可以看出，有限元计算结果 φ_{FE} 均低于 Euler 曲线，但 φ_{FE} 与 Euler 曲线的差值则随长细比 λ_n 的增大而迅速降低。与短柱和中短柱相比，大角钢长柱的稳定系数 φ_{FE} 与 Euler 曲线更为接近；而当长细比 λ_n 足够大时，φ_{FE} 值将十分逼近 Euler 曲线，此时轴压杆的失稳形式为弹性失稳，其稳定承载力几乎不受强化阶段的影响。

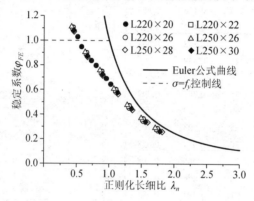

图 6.4　有限元稳定系数 φ_{FE} 与 Euler 曲线对比图

由图 6.4 同时可以看出，6 种不同截面规格的大角钢轴压构件有限元模型，共同形成了一条新的柱子曲线。这条柱子曲线可为高强度大规格角钢轴压构件稳定承载力的计算提供依据。后文即将以此为基础，对高强度大规格角钢轴压构件稳定承载力的计算方法，进行研究。

6.4　现有规范中柱子曲线的分析

本节将在前文研究的基础上，对国内外各现行规范中柱子曲线与有限元计算获得的稳定系数 φ 值进行对比分析，以研究现有各规范中柱子曲线的适用性。在本节研究中，仍以构件轴压稳定系数 φ 值为研究对象。

6.4.1　有限元稳定系数 φ_{FE} 与国内外现行规范的对比

将大角钢轴压构件稳定系数有限元计算值 φ_{FE} 与我国钢结构设计规范

GB5 0017—2003 中的 a、b 类曲线、欧洲钢结构规范 Eurocode 3 中的 a^0、a、b 类曲线、美国 ANSI/AISC 360-10、美国 ASCE 10—97 中的柱子曲线进行对比。其中，我国钢规中的 b 类曲线、欧洲 Eurocode 3 中的 b 类曲线，为该两部规范中等边角钢所属的柱子曲线。

1. 我国钢结构设计规范 GB 50017—2003

记我国钢规中的 a、b 类曲线的稳定系数计算值分别为 φ_{GB-a} 及 φ_{GB-b}，并定义误差值 ξ_{GB-a} 及 ξ_{GB-b}，使其满足式（6.3），ξ_{GB-b} 同理。对比结果见表 6.3。

$$\xi_{GB-a} = \frac{\varphi_{FE}}{\varphi_{GB-a}} - 1 \tag{6.3}$$

表 6.3　有限元稳定系数 φ_{FE} 与我国 GB 50017—2003 的对比值

截面规格	压杆分类	λ_n	φ_{FE}	φ_{GB-a}	φ_{GB-b}	ξ_{GB-a} /%	ξ_{GB-b} /%
	短　柱	0.426	1.115	0.942	0.900	18.37	23.89
		0.497	1.035	0.926	0.873	11.77	18.56
		0.568	0.965	0.907	0.843	6.39	14.47
		0.639	0.896	0.885	0.810	1.24	10.62
	中短柱	0.710	0.845	0.858	0.774	−1.52	9.17
		0.781	0.799	0.826	0.735	−3.27	8.71
		0.852	0.754	0.788	0.693	−4.31	8.80
L220×20		0.923	0.707	0.744	0.649	−4.97	8.94
		0.994	0.658	0.695	0.605	−5.32	8.76
		1.065	0.608	0.645	0.561	−5.74	8.38
		1.278	0.476	0.501	0.443	−4.99	7.45
	长　柱	1.491	0.371	0.389	0.350	−4.63	6.00
		1.704	0.289	0.307	0.280	−5.86	3.21
		1.846	0.251	0.265	0.244	−5.28	2.87
		2.130	0.191	0.203	0.189	−5.91	1.06
	短　柱	0.436	1.102	0.940	0.896	17.23	22.99
	中短柱	0.654	0.895	0.880	0.803	1.70	11.46
		0.873	0.742	0.775	0.680	−4.26	9.12
		1.091	0.595	0.626	0.545	−4.95	9.17
L220×22		1.309	0.462	0.483	0.428	−4.35	7.94
	长　柱	1.527	0.358	0.373	0.337	−4.02	6.23
		1.745	0.288	0.294	0.269	−2.04	7.06
		1.891	0.243	0.254	0.234	−4.33	3.85
		2.181	0.186	0.194	0.181	−4.12	2.76
	短　柱	0.439	1.091	0.940	0.895	16.06	21.90
L220×26	中短柱	0.659	0.880	0.878	0.800	0.23	10.00
		0.879	0.743	0.772	0.676	−3.76	9.91

续表

截面规格	压杆分类	λ_n	φ_{FE}	φ_{GB-a}	φ_{GB-b}	ξ_{GB-a} /%	ξ_{GB-b} /%
L220×26	长 柱	1.098	0.593	0.621	0.541	-4.51	9.61
		1.318	0.457	0.478	0.423	-4.39	8.04
		1.538	0.352	0.369	0.333	-4.61	5.71
		1.757	0.277	0.290	0.266	-4.48	4.14
		1.904	0.239	0.250	0.231	-4.40	3.46
		2.197	0.182	0.191	0.179	-4.71	1.68
L250×26	短 柱	0.436	1.112	0.940	0.896	18.30	24.11
	中短柱	0.654	0.902	0.880	0.803	2.50	12.33
		0.873	0.757	0.775	0.680	-2.32	11.32
	长 柱	1.091	0.609	0.626	0.545	-2.72	11.74
		1.309	0.477	0.483	0.428	-1.24	11.45
		1.527	0.372	0.373	0.337	-0.27	10.39
		1.745	0.294	0.294	0.269	0.00	9.29
		1.891	0.245	0.254	0.234	-3.54	4.70
		2.181	0.187	0.194	0.181	-3.61	3.31
L250×28	短 柱	0.454	1.074	0.936	0.890	14.74	20.67
	中短柱	0.681	0.869	0.870	0.789	-0.11	10.14
		0.907	0.717	0.754	0.659	-4.91	8.80
	长 柱	1.134	0.565	0.596	0.520	-5.20	8.65
		1.361	0.438	0.453	0.404	-3.31	8.42
		1.588	0.338	0.348	0.316	-2.87	6.96
		1.815	0.265	0.274	0.252	-3.28	5.16
		1.966	0.225	0.236	0.219	-4.66	2.74
		2.268	0.172	0.180	0.169	-4.44	1.78
L250×30	短 柱	0.448	1.080	0.938	0.892	15.14	21.08
	中短柱	0.672	0.873	0.873	0.794	0.00	9.95
		0.896	0.721	0.761	0.666	-5.26	8.26
	长 柱	1.120	0.580	0.606	0.528	-4.29	9.85
		1.343	0.444	0.463	0.412	-4.10	7.77
		1.567	0.339	0.357	0.323	-5.04	4.95
		1.791	0.269	0.280	0.257	-3.93	4.67
		1.940	0.229	0.242	0.224	-5.37	2.23
		2.239	0.174	0.185	0.173	-5.95	0.58
平均值						-1.06	8.95
标准差						6.69	5.71

　　由表 6.3 可知，通过有限元分析获得的大角钢稳定系数 φ_{FE} 均高于我国现行规范中等边角钢所在的 b 类曲线，φ_{FE} 平均高于 b 类曲线 8.95%，但标准差达到 0.0571。φ_{FE} 平均低于 a 类曲线 1.06%，但标准差高达 0.0669，十分不均衡。这说明采用我国现行规范计算大角钢的轴压稳定系数，具有较大的误差。根据表 6.3 中的数据，绘制稳定系数对比如图 6.5 所示。

由图 6.5 可以直观看出，有限元分析获得的稳定系数 φ_{FE} 与现行规范的误差 φ_{GB-a} 及 φ_{GB-b}，与 λ_n 有明显关系。随着正则化长细比 λ_n 的增长，φ_{FE} 的变化趋势与规范曲线愈发接近。3 类大角钢轴压试件的稳定系数 φ_{FE}，与规范曲线的差别明显。这一点，从表 6.4 中列出的 3 类大角钢轴压试件稳定系数 φ_{FE} 与规范曲线误差平均值、标准差的统计表中，亦可直观看出。

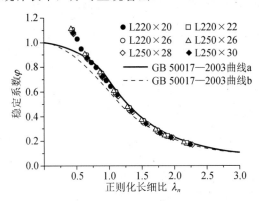

图 6.5　有限元 φ_{FE} 与 GB 50017—2003 柱子曲线

表 6.4　三类压杆 φ_{FE} 与我国 GB 50017—2003 的对比值

压杆分类	ξ_{GB-a}		ξ_{GB-b}		数值模型个数
	平均值/%	标准差/%	平均值/%	标准差/%	
短　柱	15.94	2.330	21.88	1.974	7
中短柱	-1.64	3.352	10.04	1.608	17
长　柱	-4.09	1.417	5.92	3.092	36
总　计	-1.06	6.693	8.95	5.705	60

2. ANSI/AISC 360-10

记该规范中稳定系数的计算值为 φ_{AISC}，并定义误差值 $\xi_{AISC}=(\varphi_{FE}/\varphi_{AISC}-1)$。$\varphi_{FE}$ 与 φ_{AISC} 的计算结果列于表 6.5。

表 6.5　有限元稳定系数 φ_{FE} 与 ANSI/AISC 360-10 的对比值

截面规格	压杆分类	λ_n	φ_{FE}	φ_{AISC}	ξ_{AISC}/%
L220×20	短　柱	0.426	1.115	0.927	20.28
		0.497	1.035	0.902	14.75
	中短柱	0.568	0.965	0.874	10.41
		0.639	0.896	0.843	6.29
		0.710	0.845	0.810	4.32
		0.781	0.799	0.775	3.10

续表

截面规格	压杆分类	λ_n	φ_{FE}	φ_{AISC}	ξ_{AISC} /%
L220×20	中短柱	0.852	0.754	0.738	2.17
		0.923	0.707	0.700	1.00
		0.994	0.658	0.661	−0.45
	长 柱	1.065	0.608	0.622	−2.25
		1.278	0.476	0.505	−5.74
		1.491	0.371	0.394	−5.84
		1.704	0.289	0.302	−4.30
		1.846	0.251	0.257	−2.33
		2.130	0.191	0.193	−1.04
L220×22	短 柱	0.436	1.102	0.924	19.26
	中短柱	0.654	0.895	0.836	7.06
		0.873	0.742	0.727	2.06
	长 柱	1.091	0.595	0.608	−2.14
		1.309	0.462	0.488	−5.33
		1.527	0.358	0.376	−4.79
		1.745	0.288	0.288	0.00
		1.891	0.243	0.245	−0.82
		2.181	0.186	0.184	1.09
L220×26	短 柱	0.439	1.091	0.923	18.20
	中短柱	0.659	0.880	0.834	5.52
		0.879	0.743	0.724	2.62
	长 柱	1.098	0.593	0.604	−1.82
		1.318	0.457	0.483	−5.38
		1.538	0.352	0.371	−5.12
		1.757	0.277	0.284	−2.46
		1.904	0.239	0.242	−1.24
		2.197	0.182	0.182	0.00
L250×26	短 柱	0.436	1.112	0.924	20.35
	中短柱	0.654	0.902	0.836	7.89
		0.873	0.757	0.727	4.13
	长 柱	1.091	0.609	0.608	0.16
		1.309	0.477	0.488	−2.25
		1.527	0.372	0.376	−1.06
		1.745	0.294	0.288	2.08
		1.891	0.245	0.245	0.00
		2.181	0.187	0.184	1.63
L250×28	短 柱	0.454	1.074	0.917	17.12
	中短柱	0.681	0.869	0.824	5.46
		0.907	0.717	0.709	1.13
	长 柱	1.134	0.565	0.584	−3.25
		1.361	0.438	0.461	−4.99
		1.588	0.338	0.348	−2.87

续表

截面规格	压杆分类	λ_n	φ_{FE}	φ_{AISC}	ξ_{AISC} /%
L250×28	长　柱	1.815	0.265	0.266	−0.38
		1.966	0.225	0.227	−0.88
		2.268	0.172	0.170	1.18
L250×30	短　柱	0.448	1.080	0.919	17.52
	中短柱	0.672	0.873	0.828	5.43
		0.896	0.721	0.715	0.84
	长　柱	1.120	0.580	0.592	−2.03
		1.343	0.444	0.470	−5.53
		1.567	0.339	0.357	−5.04
		1.791	0.269	0.273	−1.47
		1.940	0.229	0.233	−1.72
		2.239	0.174	0.175	−0.57
平均值					2.00
标准差					6.97

　　大角钢轴压构件的稳定系数 φ_{FE} 平均比 φ_{AISC} 低 2.00%，二者标准差为 0.0697。根据表 6.5 绘制 φ_{FE} 与 φ_{AISC} 对比图如图 6.6 所示。

　　由图 6.6 可以看出，φ_{FE} 与 φ_{AISC} 的差别与长细比 λ_n 有明显关系。表 6.6 列出了三类压杆中，φ_{FE} 与 φ_{AISC} 的差别的平均值与标准差。

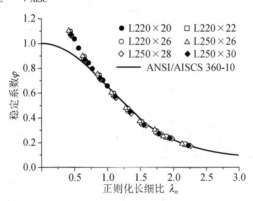

图 6.6　有限元 φ_{FE} 与 ANSI/AISC 360-10 柱子曲线

表 6.6　三类压杆 φ_{FE} 与 ANSI/AISC 360-10 的对比值

压杆分类	ξ_{AISC}		数值模型个数
	平均值/%	标准差/%	
短　柱	18.21	1.985	7
中短柱	4.06	2.897	17
长　柱	−2.13	2.288	36
总　计	2.00	6.969	60

3. ASCE 10—97

记该规范中稳定系数的计算值为 φ_{ASCE}，并定义误差值 $\xi_{\mathrm{ASCE}} = (\varphi_{FE} / \varphi_{\mathrm{ASCE}} - 1)$。$\varphi_{FE}$ 与 φ_{ASCE} 的计算结果列于表 6.7。

表 6.7 有限元稳定系数 φ_{FE} 与 ASCE 10—97 的对比值

截面规格	压杆分类	λ_n	φ_{FE}	φ_{ASCE}	ξ_{ASCE} /%
L220×20	短 柱	0.426	1.115	0.955	16.75
		0.497	1.035	0.938	10.34
	中短柱	0.568	0.965	0.919	5.01
		0.639	0.896	0.898	−0.22
		0.710	0.845	0.874	−3.32
		0.781	0.799	0.848	−5.78
		0.852	0.754	0.819	−7.94
		0.923	0.707	0.787	−10.17
		0.994	0.658	0.753	−12.62
	长 柱	1.065	0.608	0.716	−15.08
		1.278	0.476	0.592	−19.59
		1.491	0.371	0.450	−17.56
		1.704	0.289	0.344	−15.99
		1.846	0.251	0.293	−14.33
		2.130	0.191	0.220	−13.18
L220×22	短 柱	0.436	1.102	0.952	15.76
	中短柱	0.654	0.895	0.893	0.22
		0.873	0.742	0.809	−8.28
	长 柱	1.091	0.595	0.702	−15.24
		1.309	0.462	0.572	−19.23
		1.527	0.358	0.429	−16.55
		1.745	0.288	0.328	−12.20
		1.891	0.243	0.280	−13.21
		2.181	0.186	0.210	−11.43
L220×26	短 柱	0.439	1.091	0.952	14.60
	中短柱	0.659	0.880	0.891	−1.23
		0.879	0.743	0.807	−7.93
	长 柱	1.098	0.593	0.699	−15.16
		1.318	0.457	0.566	−19.26
		1.538	0.352	0.423	−16.78
		1.757	0.277	0.324	−14.51
		1.904	0.239	0.276	−13.41
		2.197	0.182	0.207	−12.08
L250×26	短 柱	0.436	1.112	0.952	16.81
	中短柱	0.654	0.902	0.893	1.01
		0.873	0.757	0.809	−6.43

续表

截面规格	压杆分类	λ_n	φ_{FE}	φ_{ASCE}	ξ_{ASCE} /%
L250×26	长　柱	1.091	0.609	0.702	−13.25
		1.309	0.477	0.572	−16.61
		1.527	0.372	0.429	−13.29
		1.745	0.294	0.328	−10.37
		1.891	0.245	0.280	−12.50
		2.181	0.187	0.210	−10.95
L250×28	短　柱	0.454	1.074	0.948	13.29
	中短柱	0.681	0.869	0.884	−1.70
		0.907	0.717	0.794	−9.70
	长　柱	1.134	0.565	0.679	−16.79
		1.361	0.438	0.537	−18.44
		1.588	0.338	0.397	−14.86
		1.815	0.265	0.304	−12.83
		1.966	0.225	0.259	−13.13
		2.268	0.172	0.194	−11.34
L250×30	短　柱	0.448	1.080	0.950	13.68
	中短柱	0.672	0.873	0.887	−1.58
		0.896	0.721	0.799	−9.76
	长　柱	1.120	0.580	0.686	−15.45
		1.343	0.444	0.549	−19.13
		1.567	0.339	0.407	−16.71
		1.791	0.269	0.312	−13.78
		1.940	0.229	0.266	−13.91
		2.239	0.174	0.199	−12.56
平均值					−8.50
标准差					10.06

由表 6.7 可以看出，大角钢轴压构件的稳定系数 φ_{FE} 平均比 φ_{AISC} 低 8.50%，二者标准差为 0.1006。根据表 6.7 绘制 φ_{FE} 与 φ_{AISC} 对比图如图 6.7 所示。

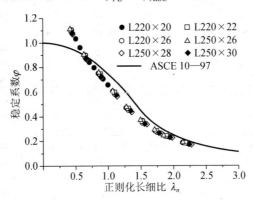

图 6.7　有限元 φ_{FE} 与 ASCE 10—97 柱子曲线

由图 6.7 可以看出，在长细比 λ_n 不很小时，φ_{FE} 均低于 φ_{AISC} 中柱子曲线的计算值。表 6.8 列出了三类压杆中 φ_{FE} 与 φ_{AISC} 的差别的平均值与标准差。

表 6.8　三类压杆 φ_{FE} 与 ASCE 10—97 的对比值

压杆分类	ξ_{AISC}		数值模型
	平均值/%	标准差/%	个数
短　柱	14.46	2.288	7
中短柱	−4.73	4.904	17
长　柱	−14.74	2.535	36
总　计	−8.50	10.064	60

4. Eurocode 3

该规范中 a^0、a、b 类柱子曲线稳定系数的计算值分别表示为 φ_{EC3-a^0}、φ_{EC3-a} 及 φ_{EC3-b}，并定义误差值 $\xi_{EC3-x} = (\varphi_{FE} / \varphi_{EC3-x} - 1)$。$\varphi_{FE}$ 与 φ_{EC3-x}（x 可取为 a^0、a 或 b）的计算结果列于表 6.9。

表 6.9　有限元稳定系数 φ_{FE} 与 Eurocode 3 的对比值

截面规格	压杆分类	λ_n	φ_{FE}	φ_{EC3-a^0}	φ_{EC3-a}	φ_{EC3-b}	ξ_{EC3-a^0} /%	ξ_{EC3-a} /%	ξ_{EC3-b} /%
L220×20	短　柱	0.426	1.115	0.966	0.946	0.916	15.42	17.86	21.72
		0.497	1.035	0.952	0.925	0.886	8.72	11.89	16.82
	中短柱	0.568	0.965	0.936	0.902	0.853	3.10	6.98	13.13
		0.639	0.896	0.916	0.875	0.817	−2.18	2.40	9.67
		0.710	0.845	0.892	0.843	0.778	−5.27	0.24	8.61
		0.781	0.799	0.863	0.806	0.736	−7.42	−0.87	8.56
		0.852	0.754	0.825	0.765	0.692	−8.61	−1.44	8.96
		0.923	0.707	0.781	0.719	0.646	−9.48	−1.67	9.44
		0.994	0.658	0.730	0.670	0.601	−9.86	−1.79	9.48
	长　柱	1.065	0.608	0.675	0.620	0.556	−9.93	−1.94	9.35
		1.278	0.476	0.519	0.483	0.438	−8.29	−1.45	8.68
		1.491	0.371	0.400	0.376	0.346	−7.25	−1.33	7.23
		1.704	0.289	0.314	0.298	0.277	−7.96	−3.02	4.33
		1.846	0.251	0.270	0.258	0.241	−7.04	−2.71	4.15
		2.130	0.191	0.206	0.198	0.187	−7.28	−3.54	2.14
L220×22	短　柱	0.436	1.102	0.964	0.943	0.912	14.32	16.86	20.83
	中短柱	0.654	0.895	0.912	0.868	0.809	−1.86	3.11	10.63
		0.873	0.742	0.813	0.751	0.678	−8.73	−1.20	9.44
	长　柱	1.091	0.595	0.655	0.602	0.541	−9.16	−1.16	9.98
		1.309	0.462	0.500	0.465	0.423	−7.60	−0.65	9.22
		1.527	0.358	0.383	0.361	0.332	−6.53	−0.83	7.83
		1.745	0.288	0.300	0.286	0.266	−4.00	0.70	8.27
		1.891	0.243	0.258	0.247	0.231	−5.81	−1.62	5.19
		2.181	0.186	0.197	0.190	0.179	−5.58	−2.11	3.91

续表

截面规格	压杆分类	λ_n	φ_{FE}	φ_{EC3-a^0}	φ_{EC3-a}	φ_{EC3-b}	ξ_{EC3-a^0} /%	ξ_{EC3-a} /%	ξ_{EC3-b} /%
	短柱	0.439	1.091	0.963	0.942	0.910	13.29	15.82	19.89
	中短柱	0.659	0.880	0.910	0.866	0.806	−3.30	1.62	9.18
		0.879	0.743	0.809	0.748	0.675	−8.16	−0.67	10.07
L220×26		1.098	0.593	0.650	0.597	0.536	−8.77	−0.67	10.63
		1.318	0.457	0.494	0.460	0.418	−7.49	−0.65	9.33
	长柱	1.538	0.352	0.378	0.357	0.329	−6.88	−1.40	6.99
		1.757	0.277	0.296	0.282	0.263	−6.42	−1.77	5.32
		1.904	0.239	0.255	0.244	0.229	−6.27	−2.05	4.37
		2.197	0.182	0.194	0.187	0.177	−6.19	−2.67	2.82
	短柱	0.436	1.112	0.964	0.943	0.912	15.35	17.92	21.93
	中短柱	0.654	0.902	0.912	0.868	0.809	−1.10	3.92	11.50
		0.873	0.757	0.813	0.751	0.678	−6.89	0.80	11.65
L250×26		1.091	0.609	0.655	0.602	0.541	−7.02	1.16	12.57
		1.309	0.477	0.500	0.465	0.423	−4.60	2.58	12.77
	长柱	1.527	0.372	0.383	0.361	0.332	−2.87	3.05	12.05
		1.745	0.294	0.300	0.286	0.266	−2.00	2.80	10.53
		1.891	0.245	0.258	0.247	0.231	−5.04	−0.81	6.06
		2.181	0.187	0.197	0.190	0.179	−5.08	−1.58	4.47
	短柱	0.454	1.074	0.960	0.938	0.904	11.88	14.50	18.81
	中短柱	0.681	0.869	0.903	0.856	0.794	−3.77	1.52	9.45
		0.907	0.717	0.791	0.729	0.657	−9.36	−1.65	9.13
L250×28		1.134	0.565	0.622	0.573	0.515	−9.16	−1.40	9.71
		1.361	0.438	0.468	0.437	0.399	−6.41	0.23	9.77
	长柱	1.588	0.338	0.357	0.338	0.312	−5.32	0.00	8.33
		1.815	0.265	0.279	0.266	0.248	−5.02	−0.38	6.85
		1.966	0.225	0.240	0.230	0.216	−6.25	−2.17	4.17
		2.268	0.172	0.183	0.176	0.167	−6.01	−2.27	2.99
	短柱	0.448	1.080	0.962	0.940	0.907	12.27	14.89	19.07
	中短柱	0.672	0.873	0.906	0.860	0.799	−3.64	1.51	9.26
		0.896	0.721	0.799	0.737	0.664	−9.76	−2.17	8.58
L250×30		1.120	0.580	0.633	0.582	0.523	−8.37	−0.34	10.90
		1.343	0.444	0.479	0.447	0.407	−7.31	−0.67	9.09
	长柱	1.567	0.339	0.366	0.346	0.319	−7.38	−2.02	6.27
		1.791	0.269	0.286	0.273	0.254	−5.94	−1.47	5.91
		1.940	0.229	0.246	0.236	0.221	−6.91	−2.97	3.62
		2.239	0.174	0.187	0.181	0.171	−6.95	−3.87	1.75
平均值							−4.02	1.36	9.39
标准差							6.73	5.64	4.74

由表 6.7 可以看出，大角钢轴压构件的稳定系数 φ_{FE} 平均比 φ_{EC3-a^0} 低 4.02%，二者标准差为 0.0673；φ_{FE} 平均高于 Eurocode 3 中的 a 类曲线 1.36%，标准差为

0.0564；在所计算的长细比范围内，φ_{FE} 的各个计算点均高于 Eurocode 3 中等边角钢所在的 b 类曲线，φ_{FE} 平均高于后者 9.39%，标准差为 0.0474。根据表 6.9 中的数据，绘制 φ_{FE} 与 Eurocode 3 中 a⁰、a、b 类三条曲线的对比图，如图 6.8 所示。

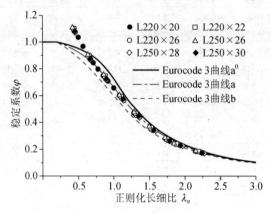

图 6.8　有限元 φ_{FE} 与 Eurocode 3 柱子曲线

由图 6.8 可以看出，φ_{FE} 与 φ_{EC3} 的差别与长细比 λ_n 有明显关系。表 6.10 列出了三类压杆中，φ_{FE} 与 φ_{EC3} 的差别的平均值与标准差。

表 6.10　三类压杆 φ_{FE} 与 Eurocode 3 的对比值

压杆分类	ξ_{EC3-a^0}		ξ_{EC3-a}		ξ_{EC3-b}		数值模型个数
	平均值	标准差/%	平均值/%	标准差/%	平均值/%	标准差/%	
短　柱	13.03	2.358	15.68	2.144	19.87	1.812	7
中短柱	−5.66	3.784	0.63	2.486	9.81	1.248	17
长　柱	−6.56	1.680	−1.08	1.626	7.15	3.079	36
总　计	−4.02	6.734	1.36	5.642	9.39	4.744	60

由以上国内外不同规范的对比结果，及三类不同压杆的稳定系数有限元值 φ_{FE} 与规范柱子曲线的对比结果可知，采用现行规范对高强度大规格角钢轴压构件的稳定承载力进行计算时，并不是一直偏于保守，其精确度与压杆长细比 λ_n 有着十分重要的关系：

1）当大角钢压杆长细比 λ_n 较小时，现行各规范的计算值均偏于保守。

2）当大角钢压杆长细比 λ_n 较大时，除 GB 50017—2003 和 Eurocode 3 中的等边角钢所在的 b 类 2 条柱子曲线外，采用其余各柱子曲线计算大角钢压杆稳定承载力时均偏于不安全。

6.4.2　现有柱子曲线的选用

为分析国内外现有各规范中柱子曲线计算大角钢轴压构件稳定承载力的精确

程度，将国内外不同规范中 7 条柱子曲线与稳定系数值 φ_{FE} 的对比进行汇总，并列于表 6.11 中。

表 6.11　三类压杆 φ_{FE} 与各规范柱子曲线的对比值

规范曲线		短　柱		中短柱		长　柱		总　计	
		平均值/%	标准差/%	平均值/%	标准差/%	平均值/%	标准差/%	平均值/%	标准差/%
GB 50017—2003	a	15.94	2.330	−1.64	3.352	−4.09	1.417	−1.06	6.693
	b	21.88	1.974	10.04	1.608	5.92	3.092	8.95	5.705
ANSI/AISC 360-10		18.21	1.985	4.06	2.897	−2.13	2.288	2.00	6.969
ASCE 10—97		14.46	2.288	−4.73	4.904	−14.74	2.535	−8.50	10.064
Eurocode 3	a^0	13.03	2.358	−5.66	3.784	−6.56	1.680	−4.02	6.734
	a	15.68	2.144	0.63	2.486	−1.08	1.626	1.36	5.642
	b	19.87	1.812	9.81	1.248	7.15	3.079	9.39	4.744

由表 6.11 可知，除我国 GB 50017—2003 及欧洲 Eurocode 3 中的 b 类曲线外，采用其余 5 条规范柱子曲线计算大角钢轴压构件的稳定系数 φ，均有如下特点：

1）各规范曲线用于计算短柱时，均偏于保守。

2）各规范曲线用于计算长柱时，均略偏激进。而其中又以美国 ASCE 10—97 推荐柱子曲线最为激进。

3）当计算中短柱时，各规范曲线或保守或激进，且其与大角钢稳定系数 φ 值的标准差大于计算短柱和长柱时的情况。

4）各规范曲线计算短柱时标准差小于中短柱，这是由于本章的有限元计算中，短柱的计算模型个数较少（7 个，远小于中短柱的 17 个及长柱的 26 个）。然而，即便是模型个数明显偏少，短柱大角钢稳定系数 φ 值与规范曲线的标准差，仍然较大。可见采用现行规范计算长细比 λ_n 较小的短柱大角钢，是十分不合适的。

5）长柱的有限元模型数量最多，且大于短柱、中短柱的模型数量之和；然而，采用各规范曲线计算长柱时，标准差仍是最小的。这说明，长柱的稳定系数 φ 值随长细比 λ_n 的变化趋势，与现行规范是较为一致的。

由上述分析可知，采用此 5 条柱子曲线计算大角钢轴压杆的稳定承载力是不合适的。然而，在更合理的大角钢轴压杆设计规范柱子曲线提出之前，仍可从现有规范中提出最适用于大角钢轴压杆的建议柱子曲线。

1）我国 GB 50017—2003 及欧洲 Eurocode 3 中，等边角钢所在的 b 类曲线，均十分保守。不论是短柱、中短柱或是长柱，各有限元模型获得的大角钢轴压杆稳定系数 φ 值，均高于上述两条柱子曲线。因此，采用该 2 条柱子曲线进行大角钢轴压构件的设计，不能发挥大角钢轴压杆优异的承载性能，但足够安全。

2）考虑到实际工程中，为使受压构件满足刚度等要求，往往对轴压构件的长细比进行限制。即在实际工程中，出现长柱大角钢（大长细比 λ_n）的概率将小于短柱及中短柱，因此，可采用更高的柱子曲线，以更为充分的发挥大角钢轴压构件优异的承载性能。在除我国 GB 50017—2003 及欧洲 Eurocode 3 中，等边角钢所在的 2 条 b 类曲线以外的 5 条柱子曲线中：

a. 美国 ASCE 10—97 曲线最为激进。然而，由表 6.11 可以看出，ASCE 10—97 曲线与大角钢稳定系数 φ 值的标准差亦最大，为 0.1083，远远高于其他各条曲线。这说明，美国 ASCE 10—97 柱子曲线与大角钢 φ 值的匹配度较差，不适于计算大角钢的轴压稳定承载力。

b. 剩下的 4 条柱子曲线中，我国钢规 GB 50017—2003 中的 a 类曲线、欧洲 Eurocode 3 中的 a^0 类曲线及美国 ANSI/AISC 360-10 的柱子曲线，与大角钢 φ 值的标准差相接近，但该 3 条柱子曲线与 φ 值的标准差，均大于欧洲 Eurocode 3 中的 a 类曲线。

c. 通过对比该 4 条曲线可以发现，仅 Eurocode 3 中 a 类曲线在长柱时，与大角钢 φ 值最为接近，而其他 3 条曲线计算长柱时则均偏于激进；Eurocode 3 中 a 类曲线在计算中短柱时，与大角钢 φ 值的误差、标准差均为最小。因此，当需更充分利用大角钢的轴压承载能力时，建议采用 Eurocode 3 中的 a 类曲线，进行大角钢轴压承载力的计算。

通过以上分析，在获得合理的高强度大规格角钢轴压构件稳定承载力计算方法之前，推荐按表 6.12 所列的柱子曲线，进行大角钢轴压构件的承载力计算。

表 6.12　现有规范的推荐曲线（用于高强度大规格角钢轴压构件）

设计目标	推荐规范	柱子曲线类别
保守设计	GB 50017—2003	b 类
	Eurocode 3	b 类
经济设计	Eurocode 3	a 类

当充分考虑长细比 λ_n 对承载力的影响时，建议区分大角钢压杆类别，进行现有规范曲线的选用。综合考虑柱子曲线与大角钢 φ 值的误差、标准差，将各类大角钢压杆的推荐曲线列于表 6.13。

表 6.13　区分压杆类别时的推荐曲线（用于高强度大规格角钢轴压构件）

压杆分类	推荐规范	柱子曲线类别
短　柱	Eurocode 3	a^0 类
中长柱	Eurocode 3	a 类
长　柱	Eurocode 3	a 类

6.5　适用于大角钢轴压构件的 φ 值计算方法

由前文分析可知，国内外现行规范中的各柱子曲线，并不适用于计算高强度大规格角钢轴压构件的稳定承载力，因此，需对适用于大角钢轴压稳定系数 φ 值的计算方法进行研究。

6.5.1　φ 值的计算公式

为结合我国工程设计习惯，便于工程应用，本书仍以 Perry 公式为计算形式，以本章有限元计算分析为数据基础，对适用于大角钢的柱子曲线进行研究与确定。

我国钢结构设计规范 GB 50017—2003 中柱子曲线的计算公式，即以 Perry 公式为计算形式。Perry 公式为通过边缘屈服准则导出的稳定公式，如式（6.4）所示，其推导过程见 1.3 节。

$$\varphi = \frac{1}{2\lambda_n^2}\left[(1+\varepsilon_0+\lambda_n^2)-\sqrt{(1+\varepsilon_0+\lambda_n^2)^2-4\lambda_n^2}\right] \tag{6.4}$$

式（6.4）中，$\varepsilon_0=f_0 A/W$，称为相对初弯曲。然而，由 Perry 公式的推导过程可知，由边缘屈服准则推导得到的 Perry 公式，对压杆初变形进行了考虑，但并未计及初偏心、截面残余应力等缺陷。因此，我国在制定钢结构设计规范时，仍通过拟合的方法，确定 ε_0 的取值，来综合考虑压杆材料的 f_y 和 E、压杆长度、初弯曲、截面几何形状及尺寸、残余应力分布和边界条件等对轴压杆承载力的影响。此时的 ε_0 称为等效偏心率；而此时拟合后获得的 Perry，则更倾向于最大强度准则的轴压杆承载力计算公式。

采用该类方法获得的等效偏心率 ε_0 为正则化长细比 λ_n 的线性函数[18]，记为

$$\varepsilon_0 = c_1 + c_2 \cdot \lambda_n \tag{6.5}$$

式中：c_1、c_2 为需经拟合确定的待定系数。

将式（6.5）代入式（6.4），可得

$$\varphi = \frac{1}{2\lambda_n^2}\left\{\left[(1+c_1)+c_2\cdot\lambda_n+\lambda_n^2\right]-\sqrt{\left[(1+c_1)+c_2\cdot\lambda_n+\lambda_n^2\right]^2-4\lambda_n^2}\right\} \tag{6.6}$$

将式（6.6）中的待定系数 c_1、c_2 进行重新整理，可得

$$\varphi = \frac{1}{2\lambda_n^2}\left[(\alpha_2+\alpha_3\cdot\lambda_n+\lambda_n^2)-\sqrt{(\alpha_2+\alpha_3\cdot\lambda_n+\lambda_n^2)^2-4\lambda_n^2}\right] \tag{6.7}$$

此时，待定系数被重新标记为 α_2 及 α_3。

式（6.7）即为我国钢结构设计规范 GB 50017—2003 中所采用的柱子曲线计算公式。该式在正则化长细比 $\lambda_n>0.215$ 时与轴压杆稳定系数 φ 值的数值计算点吻

合较好,而当 $\lambda_n \leqslant 0.215$ 时, φ 值则应按式(6.8)进行计算。

$$\varphi = 1 - \alpha_1 \lambda_n^2 \tag{6.8}$$

式中: α_1 亦为拟合待定系数。

本章对正则化长细比 λ_n 取值范围为 0.426~2.268、6 种大角钢截面规格、共计 60 个大角钢轴压构件的有限元数值模型进行了计算,并获得了各有限元数值模型的稳定系数 φ 值,共形成 60 个(λ_n , φ)数据点,作为拟合的基础数据,列于表 6.2 中。

采用最小二乘法[114],对式(6.7)进行拟合,拟合后获得待定系数 α_2 及 α_3 的取值为

$$\begin{cases} \alpha_2 = 0.849 \\ \alpha_3 = 0.320 \end{cases} \tag{6.9}$$

由此,可将式(6.7)进一步写为

$$\varphi = \frac{1}{2\lambda_n^2}\left[(0.849 + 0.320\lambda_n + \lambda_n^2) - \sqrt{(0.849 + 0.320\lambda_n + \lambda_n^2)^2 - 4\lambda_n^2}\right] \tag{6.10}$$

根据式(6.10),可绘出 φ-λ_n 曲线,如图 6.9 所示。

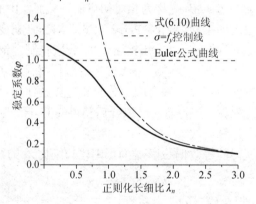

图 6.9 式(6.10)曲线

由图 6.9 可以看出,按表 6.2 中数据拟合出的 Perry 公式曲线,在长细比 λ_n 较小时,将有稳定系数 $\varphi > 1.0$ 。考虑到实际工程习惯,且为避免大角钢轴压杆中塑性-强化区域过分发展,因此本书仍建议大角钢轴压构件的稳定系数 φ 值满足 $\varphi \leqslant 1.0$ 的条件。在式(6.10)中,令 $\varphi = 1.0$,可解得界限正则化长细比 $\lambda_n = 0.472$,因此在本书的推荐公式中,当 $\lambda_n \leqslant 0.472$ 时,令 $\varphi = 1.0$;仅当 $\lambda_n > 0.472$ 时,才采用式(6.10)计算大角钢轴压构件的稳定系数 φ 值。

按上述条件,绘制出的本书推荐柱子曲线如图 6.10 所示。本书推荐柱子曲线的解析式为

当 $\lambda_n \leqslant 0.472$ 时

$$\varphi = 1.0 \tag{6.11a}$$

当 $\lambda_n > 0.472$ 时

$$\varphi = \frac{1}{2\lambda_n^2}\left[(0.849 + 0.320\lambda_n + \lambda_n^2) - \sqrt{(0.849 + 0.320\lambda_n + \lambda_n^2)^2 - 4\lambda_n^2}\right] \tag{6.11b}$$

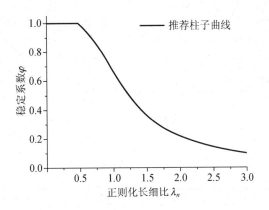

图 6.10　推荐柱子曲线

6.5.2　推荐公式的精度分析

本章 6.2.2 节中，根据不同正则化长细比 λ_n 的取值，对大角钢轴压构件进行了分类。其中提到，第一类短柱和第二类中短柱的界限长细比 λ_n 暂取为 0.5。而由本章 6.5.1 节中对适用于大角钢轴压杆的推荐柱子曲线的分析中，可以看出，当 λ_n 取为 0.472 时，稳定系数 $\varphi = 1.0$。因此，本节中将短柱、中短柱的界限正则化长细比 λ_n 调整为 0.472，则三类大角钢轴压杆的定义可由表 6.14 重新表述。

表 6.14　大角钢轴压杆的分类

序　号	压杆分类	λ_n 取值范围	轴压稳定特征	
			φ 值范围	失稳形式
第一类	短　柱	0～0.472	$\varphi = 1.0$	弹塑性失稳
第二类	中短柱	0.472～1.0	$0.665 \leqslant \varphi < 1.0$	弹塑性失稳
第三类	长　柱	>1.0	$\varphi < 0.665$	弹性失稳

根据表 6.14 重新定义的大角钢分类，并未改变前文分析中，各大角钢有限元模型的分类归属。将推荐公式计算获得的稳定系数，记为 φ_r。φ_r 与有限元稳定系数 φ_{FE} 的对比结果如表 6.15 所示，其中 $\xi_r = (\varphi_{FE} / \varphi_r - 1)$。

表 6.15　有限元稳定系数 φ_{FE} 与推荐公式的对比值

截面规格	压杆分类	λ_n	φ_{FE}	φ_r	ξ_r /%
L220×20	短　柱	0.426	1.115	1.000	11.50
		0.497	1.035	0.989	4.65
	中短柱	0.568	0.965	0.957	0.84
		0.639	0.896	0.921	−2.71
		0.710	0.845	0.880	−3.98
		0.781	0.799	0.833	−4.08
		0.852	0.754	0.781	−3.46
		0.923	0.707	0.726	−2.62
		0.994	0.658	0.670	−1.79
	长　柱	1.065	0.608	0.615	−1.14
		1.278	0.476	0.471	1.06
		1.491	0.371	0.365	1.64
		1.704	0.289	0.289	0.00
		1.846	0.251	0.250	0.40
		2.130	0.191	0.193	−1.04
L220×22	短　柱	0.436	1.102	1.000	10.20
	中短柱	0.654	0.895	0.913	−1.97
		0.873	0.742	0.765	−3.01
	长　柱	1.091	0.595	0.595	0.00
		1.309	0.462	0.454	1.76
		1.527	0.358	0.351	1.99
		1.745	0.288	0.277	3.97
		1.891	0.243	0.240	1.25
		2.181	0.186	0.184	1.09
L220×26	短　柱	0.439	1.091	1.000	9.10
	中短柱	0.659	0.880	0.910	−3.30
		0.879	0.743	0.760	−2.24
	长　柱	1.098	0.593	0.590	0.51
		1.318	0.457	0.449	1.78
		1.538	0.352	0.346	1.73
		1.757	0.277	0.274	1.09
		1.904	0.239	0.237	0.84
		2.197	0.182	0.182	0.00
L250×26	短　柱	0.436	1.112	1.000	11.20
	中短柱	0.654	0.902	0.913	−1.20
		0.873	0.757	0.765	−1.05
	长　柱	1.091	0.609	0.595	2.35
		1.309	0.477	0.454	5.07
		1.527	0.372	0.351	5.98
		1.745	0.294	0.277	6.14
		1.891	0.245	0.240	2.08
		2.181	0.187	0.184	1.63

续表

截面规格	压杆分类	λ_n	φ_{FE}	φ_r	ξ_r /%
L250×28	短　柱	0.454	1.074	1.000	7.40
	中短柱	0.681	0.869	0.897	-3.12
		0.907	0.717	0.738	-2.85
	长　柱	1.134	0.565	0.564	0.18
		1.361	0.438	0.426	2.82
		1.588	0.338	0.328	3.05
		1.815	0.265	0.258	2.71
		1.966	0.225	0.223	0.90
		2.268	0.172	0.171	0.58
L250×30	短　柱	0.448	1.080	1.000	8.00
	中短柱	0.672	0.873	0.902	-3.22
		0.896	0.721	0.747	-3.48
	长　柱	1.120	0.580	0.574	1.05
		1.343	0.444	0.435	2.07
		1.567	0.339	0.335	1.19
		1.791	0.269	0.264	1.89
		1.940	0.229	0.229	0.00
		2.239	0.174	0.175	-0.57
平均值					1.25
标准差					3.71

可以看出，有限元计算结果平均高于推荐公式 1.25%，标准差为 0.0371。表 6.16 进一步列出了，本书推荐柱子曲线、国内外现行规范柱子曲线，与有限元计算获得的大角钢稳定系数 φ 值的对比结果。

表 6.16　推荐曲线及各规范柱子曲线与有限元计算值的偏差对比值

规范曲线		短　柱		中短柱		长　柱		总　计	
		平均值 /%	标准差 /%	平均值 /%	标准差 /%	平均值 /%	标准差 /%	平均值 /%	标准差 /%
GB 50017—2003	a	15.94	2.330	-1.64	3.352	-4.09	1.417	-1.06	6.693
	b	21.88	1.974	10.04	1.608	5.92	3.092	8.95	5.705
ANSI/AISC 360-10		18.21	1.985	4.06	2.897	-2.13	2.288	2.00	6.969
ASCE 10—97		14.46	2.288	-4.73	4.904	-14.74	2.535	-8.50	10.064
Eurocode 3	a^0	13.03	2.358	-5.66	3.784	-6.56	1.680	-4.02	6.734
	a	15.68	2.144	0.63	2.486	-1.08	1.626	1.36	5.642
	b	19.87	1.812	9.81	1.248	7.15	3.079	9.39	4.744
推荐曲线		8.86	2.411	-2.54	1.232	1.56	1.699	1.25	3.715
				-2.54	1.232	1.56	1.699	0.24	2.479

由表 6.16 可以看出：

1）若考虑短柱、中短柱、长柱三类压杆的全阶段情况，除我国钢结构规范 GB 50017—2003 中的 a 类曲线外，各现行规范柱子曲线与大角钢有限元稳定系数

φ_{FE} 值的偏差的平均值与标准差，均明显高于本书推荐柱子曲线；而 GB 50017—2003 中 a 类曲线与大角钢 φ_{FE} 值的偏差的平均值虽低于本书推荐曲线，但其标准差比本书推荐曲线高出 80.2%。

2）由式（6.11a）可知，对于短柱，不论 λ_n 取何值，推荐公式均取稳定系数 $\varphi = 1.0$，而忽略了大角钢的稳定系数随 λ_n 的变化。这就意味着，短柱情况下推荐公式与大角钢有限元模型计算出的 φ_{FE} 值将存在较大的偏差。为此，表 6.16 进一步对中短柱、长柱情况下，本书推荐公式与大角钢 φ_{FE} 值的偏差进行了分析。可以看出，在中短柱、长柱情况下，大角钢 φ_{FE} 值的偏差仅高于推荐公式 0.24%，而标准差仅为 0.0248，推荐公式具有很高的计算精度。

通过以上分析可以看出，采用本书推荐公式计算高强度大规格角钢轴压构件的稳定承载力，具有极高的计算精度。

图 6.11 为有限元分析获得的大角钢稳定系数 φ_{FE} 值计算点，与本书推荐柱子曲线的对比图；图 6.12 为国内外现行规范曲线，与本书推荐柱子曲线的对比图。

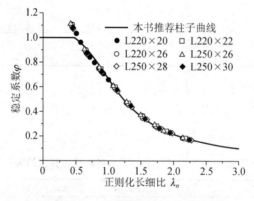

图 6.11　推荐曲线与 φ 值对比图

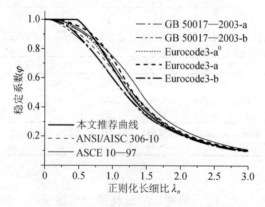

图 6.12　推荐曲线与各现行规范对比图

6.5.3　推荐柱子曲线 φ 值的实用表格

本章第 6.5.1 节提出的 φ 值推荐计算公式［式（6.11）］较为复杂，为便于工程应用，本节根据式（6.11）做出适用于大角钢轴压构件的稳定系数表。

为结合我国工程实践，在制定稳定系数表时，仍以几何长细比 λ 代替换算长细比 λ_n，作为表格变量。λ_n 与 λ 之间的换算关系为

$$\lambda_n = \frac{\lambda}{\pi}\sqrt{\frac{f_y}{E}} \tag{6.12}$$

式（6.12）反映出，对于具有不同屈服强度 f_y 的大角钢构件，仅由长细比 λ 并不能唯一确定柱子曲线，因此，本书对式（6.12）做出如下变换

$$\lambda_n = \frac{\lambda}{\pi}\sqrt{\frac{f_y}{E}} = \frac{\lambda}{\pi}\sqrt{\frac{f_y}{E}} \cdot \sqrt{\frac{235}{f_y}} \cdot \sqrt{\frac{f_y}{235}} = \frac{\lambda}{\pi}\sqrt{\frac{235}{E}} \cdot \sqrt{\frac{f_y}{235}} \tag{6.13a}$$

进而有

$$\lambda_n = \frac{1}{\pi}\sqrt{\frac{235}{E}} \cdot \left(\lambda\sqrt{\frac{f_y}{235}}\right) = \frac{1}{\pi}\sqrt{\frac{235}{E}} \cdot k = 0.01k \tag{6.13b}$$

式（6.13b）中

$$k = \lambda\sqrt{\frac{f_y}{235}} \tag{6.14}$$

则可由不同 k 取值，计算获得正则化长细比 λ_n 的取值，进而代入式（6.11），即可求得各几何长细比下的大角钢轴压构件的稳定系数，如表 6.17 所示。

表 6.17　大角钢轴压构件稳定系数 φ

$\lambda\sqrt{\frac{235}{f_y}}$	0	1	2	3	4	5	6	7	8	9
0	1.000	1.000	1.000	1.000	1.000	1.000	1.000	1.000	1.000	1.000
10	1.000	1.000	1.000	1.000	1.000	1.000	1.000	1.000	1.000	1.000
20	1.000	1.000	1.000	1.000	1.000	1.000	1.000	1.000	1.000	1.000
30	1.000	1.000	1.000	1.000	1.000	1.000	1.000	1.000	1.000	1.000
40	1.000	1.000	1.000	1.000	1.000	0.995	0.991	0.986	0.981	0.976
50	0.972	0.967	0.962	0.957	0.951	0.946	0.941	0.935	0.929	0.924
60	0.918	0.912	0.906	0.899	0.893	0.886	0.880	0.873	0.866	0.859
70	0.852	0.845	0.837	0.830	0.822	0.815	0.807	0.799	0.791	0.783
80	0.775	0.766	0.758	0.750	0.741	0.733	0.724	0.716	0.707	0.699
90	0.690	0.682	0.673	0.665	0.657	0.648	0.640	0.632	0.623	0.615
100	0.607	0.599	0.591	0.583	0.576	0.568	0.560	0.553	0.545	0.538
110	0.531	0.524	0.517	0.510	0.503	0.496	0.490	0.483	0.477	0.471
120	0.464	0.458	0.452	0.446	0.441	0.435	0.429	0.424	0.418	0.413
130	0.408	0.402	0.397	0.392	0.387	0.383	0.378	0.373	0.368	0.364

$\lambda\sqrt{\dfrac{235}{f_y}}$	0	1	2	3	4	5	6	7	8	9
140	0.359	0.355	0.351	0.347	0.342	0.338	0.334	0.330	0.326	0.323
150	0.319	0.315	0.311	0.308	0.304	0.301	0.297	0.294	0.291	0.288
160	0.284	0.281	0.278	0.275	0.272	0.269	0.266	0.263	0.260	0.258
170	0.255	0.252	0.250	0.247	0.244	0.242	0.239	0.237	0.234	0.232
180	0.230	0.227	0.225	0.223	0.221	0.218	0.216	0.214	0.212	0.210
190	0.208	0.206	0.204	0.202	0.200	0.198	0.196	0.195	0.193	0.191
200	0.189	0.187	0.186	0.184	0.182	0.181	0.179	0.177	0.176	0.174
210	0.173	0.171	0.170	0.168	0.167	0.165	0.164	0.162	0.161	0.160
220	0.158	0.157	0.156	0.154	0.153	0.152	0.151	0.149	0.148	0.147
230	0.146	0.145	0.143	0.142	0.141	0.140	0.139	0.138	0.137	0.136
240	0.134	0.133	0.132	0.131	0.130	0.129	0.128	0.127	0.126	0.125
250	0.124	—	—	—	—	—	—	—	—	—

进一步的，表 6.18 给出了，对我国现行《钢结构设计规范》（GB 50017—2003）附录 C 中表 C-5 的扩充，以便于高强度大规格角钢轴压构件的工程应用。

表 6.18　系数 α_1、α_2、α_3

截面类别		α_1	α_2	α_3
a 类		0.41	0.986	0.152
b 类		0.65	0.965	0.300
c 类	$\lambda_n \leqslant 1.05$	0.73	0.906	0.595
	$\lambda_n > 1.05$		1.216	0.302
d 类	$\lambda_n \leqslant 1.05$	1.35	0.868	0.915
	$\lambda_n > 1.05$		1.375	0.432
大角钢	$\lambda_n \leqslant 0.472$	0	—	—
	$\lambda_n > 0.472$	—	0.849	0.320

6.6　小　　结

　　本章采用通用有限元软件 ANSYS，对分别采用理想弹塑性的双线性本构关系、考虑强化的多线性本构关系，两组共计 26 个大角钢轴压杆的有限元模型，进行了对比分析计算。基于计算结果，对两种本构关系对大角钢模型轴压稳定承载力计算值的影响，进行了对比分析。在此基础上，对 6 种截面规格、长细比 λ 在 30～150 范围、正则化长细比 λ_n 在 0.426～2.268 范围的 60 个大角钢有限元模型进行了数值计算，获得了各模型的稳定系数有限元值 φ_{FE}。随后，对有限元值 φ_{FE} 与国内外现规范中的柱子曲线进行了对比分析，并提出了可暂时取用的现有柱子曲线。在上述研究基础上，本章进一步对适用于大角钢轴压构件稳定系数 φ 值的计算方法进行了研究，提出了大角钢稳定系数 φ 值的计算公式，以及实用设计表格。

本章研究得到如下主要结论。

1) 钢材本构关系对大角钢轴压稳定承载力的影响十分显著。当取用理想弹塑性模型时，大角钢稳定系数 φ 值均不超过 1.0；而当采用考虑强化阶段的多线性本构模型时，在长细比 λ_n 较小时，稳定系数 φ 值将高于 1.0。两种本构模型下，大角钢稳定系数 φ 值的差别，随长细比 λ_n 的增大而显著降低；当 λ_n 足够大时，二者趋于一致。

2) 考虑强化阶段的多线性本构模型，更适用于计算大角钢轴压构件的稳定承载力。

3) 采用国内外各现行规范中的柱子曲线，对大角钢轴压构件的稳定承载力计算，均不十分合理。而相比之下，在获得合适的大角钢柱子曲线之前，可按我国《钢结构设计规范》（GB 50017—2003）及欧洲 Eurocode 3 中的 b 类曲线，对大角钢的轴压稳定承载力进行保守计算；或采用欧洲 Eurocode 3 中的 a 类曲线，对大角钢的轴压稳定承载力进行更具经济性的计算。

4) 可根据正则化长细比 λ_n 的取值，将大角钢轴压构件分为 3 类：第一类，$\lambda_n \leqslant 0.472$ 的短柱，其特征是稳定系数 $\varphi \geqslant 1.0$；第二类，λ_n 取值范围在 0.472～1.0 的中短柱，其特征是稳定系数 $\varphi < 1.0$，但其失稳形式仍为弹塑性失稳；第三类，$\lambda_n > 1.0$ 的长柱，其特征是失稳形式为弹性失稳。长柱稳定系数 φ 值随长细比 λ_n 的变化趋势，与现行规范较为接近。利用该分类，可以使设计做得更经济、更安全。

5) 基于有限元分析获得的大角钢稳定承载力的计算结果，以 Perry 公式为计算形式，拟合得出了适用于大角钢轴压构件的稳定系数 φ 值计算公式，并给出了实用稳定系数表。精度分析表明，本章所提大角钢稳定系数计算方法，具有较高的计算精度。

参 考 文 献

[1] 中华人民共和国国家标准. 热轧型钢: GB/T 706—2008[S]. 北京: 中国标准出版社, 2009.

[2] 何长华. 输电线路铁塔用钢的发展趋势[J]. 电力建设, 2010, 31（1）: 45-48.

[3] 李茂华, 杨靖波, 刘思远. 输电杆塔结构用材最新进展[J]. 武汉大学学报（工学版）, 2011, 44（S1）: 191-195.

[4] 黄璜, 李清华, 孟宪桥, 等. Q420 大规格角钢在±800kV 特高压杆塔中的应用[J]. 电力建设, 2010, 31（6）: 65-69.

[5] 杜荣忠. Q420 大截面角钢在特高压输电线路中的应用[J]. 电网与清洁能源, 2011, 27（11）: 30-40.

[6] BLEICH L. Buckling strength of metal structures[M]. New York: McGraw-Hill Book Company, 1952.

[7] 陈骥. 钢结构稳定理论与设计[M]. 6 版. 北京: 科学出版社, 2014.

[8] 陈绍蕃. 钢结构[M]. 2 版. 北京: 中国建筑工业出版社, 1994.

[9] SHANLEY F R. Inelastic column theory[J]. Journal of the Aeronautical Sciences, 1947, 14（5）:261-268.

[10] 郭耀杰. 钢结构稳定设计[M]. 武汉: 武汉大学出版社, 2003.

[11] DUBERG J E, WILDER T W I. Inelastic column behavior[J]. Technical Report Archive & Image Library, 1952, 56（1072）:101-112.

[12] 中华人民共和国国家标准. 钢结构设计规范: GB 50017—2003[S]. 北京: 中国计划出版社, 2003.

[13] American Nationd Standard. Specification for structural steel buildings: ANSI/AISC 360-10 [S]. Chicago: AISC; 2010.

[14] American Society of Civil Engineers. Design of latticed steel transmission structures: ASCE 10-1997[S]. Washinton DC: ASCE, 1997.

[15] British Standard. Eurocode 3: design of steel structures: part 1-1: general rules and rules for buildings: BS EN 1993-1-1 [S]. London: BSI; 2005.

[16] 李毅, 王志滨. 恒温下结构钢的应力-应变关系[J]. 福州大学学报（自然科学版）, 2013, 41（4）: 735-740.

[17] 戴国欣. 钢结构[M]. 3 版. 武汉: 武汉理工大学出版社, 2007.

[18] CHEN J. Residual stress effect on stability of axially loaded columns[C]// The International Conference on Quality and Reliability in Wedding, Hangzhou, China, 1984, 3（C-20）: 1-6.

[19] BJORHOVDE R. Deterministic and probabilistic approaches to the strength of steel columns[D]. Bethlehem USA: Lehigh University, 1972.

[20] GALAMBOS T V. Guide to stability design criteria for metal structures, 5th Ed[M]. Manhattan: John Wiley & Sons, 1998.

[21] RONDAL J, MAQUOI R. Single equation for SSRC column strength curves[J]. Journal of Structural Division, ASCE, 1979, 105（1）: 247-250.

[22] STINTESO D, et al. European convention of constructional steelworks manual on the stability of steel structures[M]. 2nd. Ed. ECCS, Pairs, 1976: 55-97.

[23] BS EN. Eurocode 3: design of steel structures: part 1-12: additional rules for the extension of EN 1993 up to steel grades S700[S]. London: BSI, 2007.

[24] BEEDLE L S. Stability of metal structures—a word view[M]. 2nd. Ed. U.S.A., 1991: 28-31.

[25] 李开禧, 肖允徽. 逆算单元长度法计算单轴失稳时钢压杆的临界力[J]. 重庆建筑工程学院学报, 1982, 4: 26-45.

[26] 李开禧, 肖允徽, 铙晓峰, 等. 钢压杆的柱子曲线[J]. 重庆建筑工程学报, 1985, 1: 24-33.

[27] 施刚, 班慧勇, 石永久, 等. 高强度钢材钢结构的工程应用及研究进展[J]. 工业建筑, 2012, 42（1）: 1-6, 61.

[28] 施刚, 石永久, 王元清. 超高强度钢材钢结构的工程应用[J]. 建筑钢结构进展, 2008, 10（4）: 32-38.

[29] 班慧勇, 施刚, 邢海军, 等. Q420 等边角钢轴压杆整体稳定性能研究（I）——残余应力的研究[J]. 土木工程学报, 2010, 43（7）: 14-21.

[30] 施刚, 王元清, 石永久. 高强度钢材轴心受压构件的受力性能[J]. 建筑结构学报, 2009, 30（2）: 92-97.

[31] 班慧勇, 施刚, 石永久, 等. 超高强度钢材焊接截面残余应力分布研究[J]. 工程力学, 2008, 25（增刊Ⅱ）: 57-61.

[32] 施刚, 班慧勇, 石永久, 等. 高强度钢材钢结构研究进展综述[J]. 工程力学, 2013, 30（1）: 1-13.

[33] 班慧勇, 施刚, 刘钊, 等. Q420 等边角钢轴压杆整体稳定性能试验研究[J]. 建筑结构学报, 2011, 32（2）: 60-67.

[34] 班慧勇. 高强度钢材轴心受压构件整体稳定性能与设计方法研究[D]. 北京: 清华大学, 2012.

[35] 曹现雷, 郝际平, 张天光. 新型 Q460 高强度钢材在输电铁塔结构中的应用[J]. 华北水利水电学院学报, 2011, 32（1）: 79-82.

[36] 中华人民共和国电力行业标准. 架空输电线路杆塔结构设计技术规定: DL/T 5154-2012[S]. 北京: 中国计划出版社, 2012.

[37] 史世伦, 李正良, 张东英, 等. Q460 等边角钢的柱子曲线[J]. 电网技术, 2010, 34（9）: 185-189.

[38] 郭宏超, 郝际平, 简政, 等. Q460 高强角钢极限承载力的试验研究[J]. 工业建筑, 2014, 44（1）: 118-123.

[39] 班慧勇, 施刚, BIJLAARD F S K, 等. 端部带约束的超高强度钢材受压构件整体稳定受力性能[J]. 土木工程学报, 2011, 40（10）: 17-25.

[40] SHI G, BAN H Y, BIJLAARD F S K. Tests and numerical study of ultra-high strength steel columns with end restrains [J]. Journal of Constructional Steel Research, 2012, 74: 236-247.

[41] BAN H Y, SHI G, SHI Y J, et al. Overall buckling behavior of 460MPa high strength steel columns: experimental investigation and design method [J]. Journal of Constructional Steel Research, 2012, 74（4）: 140-150.

[42] 张银龙, 苟明康, 李宁, 等. 高强钢轴心受压构件整体稳定性研究[J]. 钢结构, 2010, 25（6）: 29-34.

[43] 周峰, 陈以一, 童乐为, 等. 高强度钢材焊接 H 形构件受力性能的试验研究[J]. 工业建筑, 2012, 42（1）: 32-36.

[44] 李国强, 王彦博, 陈素文. 高强钢焊接箱形柱轴心受压极限承载力试验研究[J]. 建筑结构学报, 2012, 33（3）: 8-14.

[45] WANG Y B, LI G Q, CHEN S W, et al. Experimental and numerical study on the behavior of axially compressed high strength steel columns with H-section [J]. Engineering Structures, 2012, 43: 149-159.

[46] WANG Y B, LI G Q, CHEN S W, et al. Experimental and numerical study on the behavior of axially compressed high strength steel box-columns [J]. Engineering Structures, 2013, 58: 79-91.

[47] 余朝胜. 高压输电线路大规格高强角钢铁塔应用研究[J]. 电力与电工, 2012, 32（2）: 18-20.

[48] 赵楠, 李正良, 刘红军. 高强大规格等边角钢轴压承载力研究[J]. 四川大学学报（工程科学版）, 2013, 45（1）: 74-84.

[49] 龚坚刚, 姜文东, 王灿灿, 等. 大规格高强等边角钢轴压构件承载力研究[J]. 西安建筑科技大学学报（自然科学版）, 2014, 46（3）: 353-366.

[50] LAMGENBERG P. Relation between design safety and Y/T ratio in application of welded high strength structural steels [C]// Proceedings of International Symposium on Applications of High Strength Steels in Modern Constructions and Bridges-Relationship of Design Specifications, Safety and Y/T ratio. Beijing, 2008: 28-46.

[51] SIVAKUMARAN S K. Relevance of Y/T ratio in the design of steel structures [C]// Proceedings of International Symposium on Applications of High Strength Steels in Modern Constructions and Bridges-Relationship of Design Specifications, Safety and Y/T ratio. Beijing, 2008: 54-63.

[52] BAN H Y, SHI G, SHI Y J, et al. Research progress on the mechanical property of high strength structural steels [J]. Advanced Materials Research, 2011, 250-253, 640-648.

[53] YE J, RASMUSSEN K J R. Compression strength of unstiffened elements in cold-Reduced high strength steel [J]. Journal of Structural Engineering, 2008, 134（2）: 189-197.

[54] American Society for Testing and Materials. Standard specification for steel sheet, zinc-coated（gal-vanized）or zinc-iron alloy-coated（galvannealed）by the hot-dip pro-cess: ASTM A653 [S]. Philadelphia: ASTM, 2001.

[55] American Society for Testing and Materials. Standard specification for steel sheet, 55% aluminum-zinc alloy-coated by the hot-dip process: ASTM A792 [S]. Philadelphia: ASTM, 2002.

[56] Australia Standards. Steel sheet and strip—Hot-dipped zinc-coated or aluminum/zinc-coated: AS1397 [S]. Sydney: Australia Standards, 1993.

[57] Australia Standards.New Eealand Standards. Cold-formed steel structures: AS/NZS 4600 [S]. Sydney: Australian Standards/New Zealand Standards, 2005.

[58] NISHINO F, UEDA Y, TALL L. Experimental investigation of the buckling of plates with residual stress [C]// ASTM. Test Methods for Compression Members. Philadelpha: ASTM, 1967: 12-30.

[59] USAMI T, FUKUMOTO Y. Local and overall buckling of welded box columns [J]. Journal of the Structural Division, 1982, 108（ST3）: 525-542.

[60] USAMI T, FUKUMOTO Y. Welded box compression members [J]. Journal of Structural Engineering, 1984, 110 （10）: 2457-2470.

[61] RASMUSSEN K J R, HANCOCK G J. Plate slenderness limits for high strength steel sections [J]. Journal of Constructional Steel Research, 1992, 23（1）: 73-96.

[62] RASMUSSEN K J R, HANCOCK G J. Tests of high strength steel columns [J]. Journal of Constructional Steel Research, 1995, 34（1）: 27-52.

[63] BEG D, HLADNIK L. Slenderness limits of class 3 I cross-sections made of high strength steel [J]. Journal of Constructional Steel Research, 1996, 38（8）: 201-207.

[64] 吕烈武, 沈世钊, 沈祖炎, 等. 钢结构构件稳定理论[M]. 北京: 中国建筑工业出版社, 1982.

[65] CHEN W F, LUI E M. Structural stability-theory and implementation [M]. EI sevier, 1987.

[66] 童根树. 钢结构的平面内稳定[M]. 北京: 中国建筑工业出版社, 2005.

[67] EYROLLES. Regles de Calcul des Constructions an Acier CM 66 [S], Pairs, 1966.

[68] DUMONTEIL P. Simple equations for effective length factors [J]. Engineering Journal, AISC, 1992, 29(3): 111-115.

[69] CHEN Y Y, CHUAN G H. Modified approaches for calculation of effective length factor of frames [J]. Advanced Steel Construction, 2015, 11(1): 39-53.

[70] WEBBER A, ORR J J, SHEPHERD P, et al. The effective length of columns in multi-storey frames [J]. Engineering Structures, 2015, 102: 132-143.

[71] TIKKA T K, MIRZA S A. Effective length of reinforced concrete columns in braced frames [J]. International Journal of Concrete Structures and Materials, 2014, 8（2）: 99-116.

[72] 颜庆津. 数值分析[M]. 3 版. 北京: 北京航空航天大学出版社, 2006.

[73] 夏省祥, 于文正. 常用数值算法及其 MATLAB 实现[M]. 北京: 清华大学出版社, 2014.

[74] WOOD R H. Effective lengths of columns in multi-storey buildings. Part 1: effective lengths of single columns and allowances for continuity [J]. Structural Engineering, 1974, 52（7）: 235-244.

[75] WOOD R H. Effective lengths of columns in multi-storey buildings. Part 2: effective lengths of multiple columns in tall buildings with sideway [J]. Structural Engineering, 1974, 52（7）: 295-302.

[76] WOOD R H. Effective lengths of columns in multi-storey buildings. Part 3: features which increase the stiffness of tall frames against sway collapse, and recommendations for designers [J]. Structural Engineering, 1974, 52（7）: 341-346.

[77] 中华人民共和国国家标准. 钢及钢产品力学性能试验取样位置及试样制备: GB/T 2975—1998 [S]. 北京: 中国标准出版社, 1999.

[78] 中华人民共和国国家标准. 金属材料拉伸试验第一部分: 室温试验方法: GB/T 228.1—2010 [S]. 北京: 中国标准出版社, 2011.

[79] 《钢结构设计规范》编制组. 《钢结构设计规范》应用讲解[M]. 北京: 中国计划出版社, 2003.

[80] 中华人民共和国国家标准. 钢结构工程施工质量验收规范: GB 50205—2011[S]. 北京: 中国计划出版社, 2002.

[81] European Convention for Constructional Steelworks. Manual on Stability of steel structures: part 2.2: mechanical properties and residual stresses [M]. 2nd ed. Bruxelles: ECCS Publication, 1976.

[82] TRAHAIR N S, BRADFORD M A, NETHERCOT D A, et al. The behavior and design of steel structures to EC3 [M].

4th ed. London: Spon Press, 2008.

[83] AISC. Code of standard practice for steel buildings [S]. Chicago: AISC, 2005.

[84] 王天稳. 土木工程结构试验[M]. 武汉：武汉大学出版社，2014.

[85] 熊仲明，王社良. 土木工程结构试验[M]. 北京：中国建筑工业出版社，2015.

[86] 陈绍蕃，王先铁. 单角钢压杆的肢件宽厚比限值和超限杆的承载力[J]. 建筑结构学报，2010，31（9）：70-77.

[87] 施刚，刘钊，班慧勇，等. 高强度等边角钢轴心受压局部稳定的试验研究[J]. 工程力学，2011，28（7）：45-52.

[88] 张勇，施刚，刘钊，等. 高强度等边角钢轴心受压局部稳定的有限元分析和设计方法研究[J]. 土木工程学报，2011，44（9）：27-34.

[89] 贡金鑫，魏巍巍. 工程结构可靠性设计原理[M]. 北京：机械工业出版社，2007.

[90] 李国强，黄宏伟，吴迅，等. 工程结构荷载与可靠度设计原理[M]. 北京：中国建筑工业出版社，2005.

[91] 中华人民共和国国家标准. 建筑结构可靠度设计统一标准：GB 50068—2001 [S]. 北京：中国建筑工业出版社，2001.

[92] TRAHAIR N S, RASMUSSEN K J R. Flexural-torsional buckling of columns with oblique eccentric restraints [J]. Journal of Structural Engineering, 2005, 131（11）：1731-1737.

[93] 方山峰. 压弯杆件弯扭屈曲的换算长细比[J]. 钢结构，1987，3（1）：38-42.

[94] 中华人民共和国国家标准. 冷弯薄壁型钢结构技术规范：GB 50018—2002 [S]. 北京：中国计划出版社，2003.

[95] 邓训，徐远杰. 材料力学[M]. 武汉：武汉大学出版社，2002.

[96] 郭立湘，饶芝英，童根树. 次翘曲对角钢和 T 形截面剪切中心坐标的影响[J]. 建筑钢结构进展，2009，11（4）：57-62.

[97] 郭耀杰，方山峰. 钢结构构件弯扭屈曲问题的计算和分析[J]. 建筑结构学报，1990，11（3）：38-44.

[98] 陈绍蕃. 单角钢轴压杆件弹性和非弹性稳定承载力[J]. 建筑结构学报，2012，33（10）：134-141.

[99] 王勖成，邵敏. 有限单元法基本原理和数值方法[M]. 北京：清华大学出版社，1997.

[100] 傅永华. 有限元分析基础[M]. 武汉：武汉大学出版社，2003.

[101] 何本国. ANSYS 土木工程应用实例[M]. 北京：中国水利水电出版社，2011.

[102] 王金昌，陈页开. ABAQUS 在土木工程中的应用[M]. 杭州：浙江大学出版社，2006.

[103] 庄苗，由小川，廖剑晖. 基于 ABAQUS 的有限元分析和应用[M]. 北京：清华大学出版社，2009.

[104] 陈世民，何琳，陈卓. SAP 2000 结构分析简明教程[M]. 北京：人民交通出版社，2005.

[105] 张涛. ANSYS APDL 参数化有限元分析技术及其应用实例[M]. 北京：水利水电出版社，2013.

[106] 龚曙光，黄云清. 有限元分析与 ANSYS APDL 编程及高级应用[M]. 北京：机械工业出版社，2009.

[107] 江克斌，屠义强，邵飞. 结构分析有限元原理及 ANSYS 实现[M]. 北京：国防工业出版社，2005.

[108] 张朝晖. ANSYS 12.0 结构分析工程应用实例解析[M]. 3 版. 北京：机械工业出版社，2011.

[109] 石少卿，汪敏，刘颖芳，等. 建筑结构有限元分析及 ANSYS 范例讲解[M]. 北京：中国建筑工业出版社，2008.

[110] 陈明祥. 弹塑性力学[M]. 北京：科学出版社，2007.

[111] 张洪伟，高相胜，张庆余. ANSYS 非线性有限元分析方法及范例应用[M]. 北京：中国水利水电出版社，2013.

[112] 胡文进，杜新喜，万金国. 切面弧长法和增量步内弧长的控制[J]. 武汉大学学报（工学版），2008，41（6）：79-82.

[113] 刘国明，卓家寿，夏颂佑. 求解非线性有限元方程的弧长法及在工程稳定分析中的应用[J]. 岩土力学，1993，14（4）：57-67.

[114] 朱方生，李大美，李素贞. 计算方法[M]. 武汉：武汉大学出版社，2003.